An die Lianen und los!

Wer sind die größten Helden des Dschungels? Tarzan – der fällt jedem zuerst ein. Wie der sich im Lendenschurz von Liane zu Liane schwingt, das ist schon beeindruckend. Und Mowgli, der Junge, der im Urwald aufwächst und Abenteuer mit seinen tierischen Freunden Baloo und Bagheera erlebt. Oder King Kong, der Riesenaffe, obwohl der eher ein trauriger Held ist, der Liebe sucht, aber Angst und Schrecken verbreitet …

Urwälder haben schon immer die Fantasie von Schriftstellern und Filmemachern beflügelt. Und auch wir, das GEOlino-extra-Team, sind fasziniert vom bunten Leben in den Tropen! Deshalb heißt unser neues Heft „Dschungel-Geheimnisse“, denn es steckt voller abenteuerlicher Geschichten über fremde Völker, wilde Tiere, mutige Forscher und kuriose Pflanzen.

Über Monate haben wir geforscht, Bücher gewälzt, die schönsten Bilder gesucht und Experten interviewt. Am Ende unserer Arbeit waren wir selbst so sehr vom „Dschungel-Fieber“ befallen, dass wir sogar versucht haben, uns an Seilen durchs Treppenhaus zu schwingen.

Das Ergebnis seht ihr auf dieser Seite. Tarzan wäre wahrscheinlich vor Lachen von der Liane gerutscht.

Aber uns ist durch die Geschichten auch klar geworden, wer die wirklichen Helden der Wälder sind: zum Beispiel all jene Männer und Frauen, die sich tagtäglich um die bedrohten Menschenaffen kümmern; die Umweltschützer, die ihr Leben einsetzen, wenn sie gegen kriminelle Holzfäller-Banden kämpfen; die Forscher, die keine Mühe und Qual scheuen, um exotische Tiere und Pflanzen zu erkunden. Respekt!

Kommt doch einfach mit in eine Welt voller Wunder, Überraschungen und Gefahren. Wir wünschen euch dabei viel Spaß!

Euer Geolino-extra-Team

DAS OBERGESCHOSS

In den Baumkronen leben mehr als die Hälfte aller Pflanzen- und Tierarten des Regenwaldes. Denn in 15 bis 45 Meter Höhe gibt es für die Pflanzen genügend Sonnenlicht und damit für die Tiere auch besonders viel zu fressen. Während Aras, Brüllaffen und Tukane nach Früchten und Samen suchen, schlürfen Kolibris und Bienen den süßen Nektar der Blüten. Mittendrin: Schmetterlinge, Baumfrösche und Käfer

WIPFELGÄRTEN

Orchideen, Nestfarne und Bromelien setzen ihre Wurzeln vor allem für einen festen Halt ein. Denn sie gehören zu den Aufsitzerpflanzen, von denen unzählige Arten in den Wipfeln wie in hängenden Gärten wachsen. Um weit über dem Boden an Wasser und Nährstoffe zu gelangen, bilden viele von ihnen aus ihren Blättern einen Kelch. Darin sammeln sich Regenwasser, Laub, Staub und Blütenreste und verrotten zu einer nährstoffreichen Brühe, die alles enthält, was eine Pflanze zum Überleben braucht – und zwar ganz ohne Bodenkontakt

DER AMAZONAS-REGENWALD
Wie ein Haus voller Leben

Der Amazonas-Regenwald ist einer der buntesten Lebensräume unseres Planeten. Nur zum Vergleich: In den Wäldern Europas wachsen rund 160 Baumarten – am Amazonas sind es 2500! Ein wahres Natur-Paradies, dessen Aufbau oft mit einem Haus verglichen wird: mit dem Erdgeschoss beginnend, mit einem Wohnzimmer in der Mitte und einer Sonnenterrasse auf dem Dach. Wie jede Etage aussieht und welche Tiere sich wo am liebsten aufhalten, das erfahrt ihr in dieser Übersicht

DIE SONNENTERRASSE

Riesige Bäume, so genannte „Überständer", ragen wie Inseln aus dem Blättermeer empor. Sie erreichen eine Höhe von etwa 50 bis 60, manchmal sogar 70 Metern. So weit oben muss ihr grünes Dach nicht nur dem Wind, sondern auch der Hitze trotzen. Viele Blätter besitzen deshalb eine Wachsschicht, die verhindert, dass Wasser durch die Blattporen verdunstet. In der Sonnen-Etage nistet auch der größte Greifvogel des Waldes, die Harpyie. Geht sie auf die Jagd, stürzt sie sich ins Dickicht der Baumkronen und schnappt einen Vogel oder ein Faultier

BLÜTEZEIT

Wie Fackeln im Dunkeln leuchten Feigen- und andere Fruchtbäume in ihrer Blüte- oder Reifezeit. Während der Blüte werfen die Riesen einen Teil ihres grünen Blätterkleides ab und erstrahlen in einem bunten Farbkostüm. Diese weithin sichtbare Pracht hat vor allem einen Sinn: Sie soll Insekten und Vögel anlocken, die dann Blüte für Blüte bestäuben

GEOlino extra

86

Lebenswelten

Jäger, Bauern, Meeres-Flüsterer

Wie wohnen Kulina-Indianer am Amazonas? Was jagen die Bayaka in Afrika? Was lernen die indischen Jarawa vom Meer? Ein Besuch bei drei fernen, kleinen Völkern

56

Waldelefanten

Die großen, grauen Unbekannten

Eine Ewigkeit wussten Biologen fast nichts über Waldelefanten. Jetzt können sie verblüffende Entdeckungen vorzeigen

Inhalt

Titelbild: ein Koboldmaki auf Borneo

92

Fallensteller

Vegetarier? Von wegen!

Fleischfressende Pflanzen kriegen nie genug. Weil sie selbst kein Tier verfolgen können, jagen sie anders: mit List und Tücke

IM BODEN

Regenwälder sind perfekte Kompostverwerter, notgedrungen. Weil ihr Boden vom Regen sehr stark ausgewaschen ist, bilden die Pflanzen keine tief ins Erdreich ragenden Wurzeln. Es genügt ein dichtes, flaches Wurzelgeflecht knapp unter der Erdoberfläche

DAS UNTERGESCHOSS

Stickig und feucht wie in einer Sauna ist die Luft unter dem Laubdach: ein idealer Lebensraum für Frösche, Insekten und Schlangen. Im Unterholz gedeihen vor allem solche Pflanzen, denen ein gelegentlicher Sonnenstrahl oder der ewige Schatten genügen

ILLUSTRATIONEN ENTNOMMEN AUS RICHARD ORRS »NATURE CROSS-SECTIONS«, DORLING KINDERSLEY

NEUES LEBEN

Stürzt ein Baumriese, reißt er eine lange, schmale Schneise in den Urwald. Auf diese Lücke im sonst so dichten Kronendach haben viele Sämlinge am Boden nur gewartet. In Windeseile strecken sie ihre Blätter dem Licht entgegen. Es beginnt ein rücksichtsloser Wettkampf um den besten Platz an der Sonne – mit der Folge, dass sich die Lücke im Wald nach mehreren Jahren wieder schließt

KLETTERPFLANZEN

Wie dicke Seile, die aus den Wipfeln hinabbaumeln, sehen Lianen aus. Dabei sind diese Schlingpflanzen fest im Boden verwurzelt. Dort wachsen sie zunächst als Sträucher heran, deren Zweige kleine Dornen und Haken entwickeln. Mit deren Hilfe ranken sie sich an Stämmen und Ästen empor – immer der Sonne entgegen. Oben angekommen, breiten sich Lianen in alle Richtungen aus und bilden eine eigene Krone. Wasser und die Nährstoffe, die sie dazu benötigen, entziehen die Pflanzen aber weiter dem Boden. Beides wird durch die dünnen Stämme nach oben gepumpt. Übrigens tragen Lianen den Spitznamen „Straßen des Waldes", weil alles, was nicht fliegen kann, auf ihnen von Baum zu Baum krabbelt

Da ist was im Busch! Ein Käfer, groß wie eine Kinderhand, bahnt sich seinen Weg durch den Dschungel Südamerikas. Wie viele Insektenarten in den Regenwäldern leben, weiß niemand. Forscher schätzen ihre Zahl auf 30 Millionen – es könnten aber auch viel mehr sein

Willkommen im Labor

Naturwunder: Die Regenwälder des Kongo-Beckens, nur von jenen in Amazonien übertroffen, dehnen sich über mehrere Länder Zentralafrikas aus. Sie sind die Heimat von Gorillas, Schimpansen und Waldelefanten

In tropischen Regenwäldern wartet hinter jedem Baum, hinter jedem Strauch eine Überraschung: Nirgends findet man so viele verschiedene Tier- und Planzenarten wie hier! Kommt mit in die größten Schatzkammern der Natur

des Lebens

Auf der Hut

Ein Goldkopf-Löwenäffchen lugt aus dem Blätterwald. Die Tiere mit der feurig-hellen Mähne leben in einem sehr kleinen Gebiet im Norden Brasiliens. Dort soll es noch ein paar hundert Exemplare geben

Als „grüne Hölle" wird der Regenwald oft beschrieben. Als schwül und modrig, bevölkert von Armeen beißender, stechender, blutsaugender Insekten. Als Heimat haariger Spinnen und giftiger Schlangen. Zugewuchert von Baumriesen, Würgepflanzen und dornigem Gestrüpp, in dem es raschelt, knackt, pfeift oder grunzt. Mit Buschmessern und Tropenhelm kämpft man sich in das Dickicht hinein, mit Blutegeln an den Beinen und Malaria-Krämpfen kommt man wieder heraus … So unheimlich stellen sich viele den Urwald vor.

Es stimmt: Regenwälder bieten abenteuerliche Erlebnisse. Aber sie sind keine Hölle, sondern Naturparadiese von unglaublicher Schönheit! Vor allem seit es Forschern gelungen ist, auch die oberen Stockwerke der tropischen Wälder zu erkunden, erfahren wir fast täglich Neues über das bunte, wilde Treiben, das sich dort abspielt. Lernen Frösche kennen, die hoch in die Wipfel klettern, wo sie Blumenkelche mit kleinen Wasserpfützen aufsuchen, um darin zu planschen. Wir sehen harmlose Zikaden, die sich als fiese Dornen tarnen, und fiese Spinnen, die sich als harmlose Blüten verkleiden. Von all diesen und vielen anderen Dschungel-Geheimnissen erzählt dieses Heft.

Regenwälder ziehen sich wie ein grüner Gürtel durch die tropischen Zonen der Erde, von Süd- und Mittelamerika, Afrika, Asien bis nach Australien. Keiner gleicht dem anderen: Hoch in den Bergen stehen gespenstische Nebelwälder mit dürren, moosbehangenen Bäumchen; in Flusstälern sind es sattgrüne Tieflandregenwälder und an tropischen Küsten Mangrovenwälder, die im Schlamm wurzeln.

Tropische Urwälder bedecken nur rund sechs Prozent des Bodens auf unserem Planeten. Aber erstaunlicherweise beherbergen sie mehr als die Hälfte aller bekannten Tier- und Pflanzenarten.

Warum drängeln sich ausgerechnet hier so viele verschiedene Lebensformen? Genau haben Forscher das noch nicht geklärt, doch ein Grund ist sicherlich das Klima in den Tropen: Dort herrschen das ganze Jahr über Temperaturen zwischen 20 und 30 Grad Celsius. Außerdem fallen, übers Jahr verteilt, etwa vier Meter Regen pro Quadratmeter, mancherorts sogar zehn. Zum Vergleich: Deutschland bekommt pro Quadratmeter nur knapp einen Meter jährlich ab! Wegen des beständigen Klimas in den Tropen können Pflanzen dort fast ohne Unterbrechung wachsen und blühen. Und Tiere finden das ganze Jahr über Beeren, Nüsse und frische Blätter.

Außerdem sind Regenwälder sehr alt: Ur-Urwälder existierten schon vor 60 Millionen Jahren. Tiere und Pflanzen hatten also viel Zeit, sich zu entwickeln, zu spezialisieren und immer neue Arten hervorzubringen.

Säugetiere

Amphibien

Insekten

Vögel

Auf nur sechs Quadratkilometern Regenwald tummeln sich rund 100 Säugetierarten wie das Gürteltier, 60 Amphibienarten, etwa der Weißstreifen-Makifrosch, Hunderttausende Insektenarten wie der Kometenfalter und 400 Vogelarten, zu denen auch der Palmkakadu gehört. Zum Vergleich: In ganz Deutschland findet man nur 91 Säugetier-, 21 Amphibien-, 33 305 Insekten- und 314 Vogelarten

Auf der Jagd

Der Jaguar ist das größte Raubtier im Regenwald Südamerikas. Der scheue Einzelgänger ist durch sein Fell gut getarnt: Dessen dunkle und helle Flecken passen sich Licht und Schatten am Waldboden perfekt an

Regenwaldbäume haben unten am Stamm breite, flügelartige Auswüchse – so genannte Brettwurzeln 1. Die helfen dem Riesen, sein enormes Gewicht besser zu verteilen, und sie stützen ihn ab. Würgefeigen dagegen beginnen ihr Leben als kleine Pflanzen oben im Geäst; sie lassen ihre Wurzeln bis zum Boden herabwachsen 2 und erwürgen dabei ihren Baum

Und doch wären die Urwälder heute nicht einmal halb so üppig, hätten sie sich nicht zu gigantischen „Recycling-Fabriken“ entwickelt. Jeder tote Käfer, jede abgeknickte Liane, jeder Affen-Kötel wird in einem ausgeklügelten Kreislauf wieder verwertet. Dazu muss man wissen: Der Boden im Dschungel besteht größtenteils aus unfruchtbarem Sand oder Lehm. Die Nährstoffe stecken nicht in der Erde, sondern in den Lebewesen selbst.

Stürzt etwa ein alter Baum um, wird er wie ein (ziemlich großes) Düngerstäbchen verarbeitet. Termiten zernagen das Holz, Tausendfüßer oder Asseln knabbern am Grünzeug, Bakterien und Pilze zersetzen die Reste. Ein herabfallendes Blatt ist in nur sechs Wochen vollständig kompostiert. In einem deutschen Wald dauert so etwas ein Jahr und länger! Die frei gewordenen Nährstoffe werden gierig vom Wurzelgeflecht der Bäume aufgesogen.

So wachsen Urwaldriesen manchmal 70 Meter hoch in den Himmel. Diese Giganten besorgen sich ihr „Futter“ allerdings nicht allein über die Wurzeln. Ihre Blätter arbeiten wie kleine chemische Fabriken. Mithilfe des Sonnenlichts verwandeln sie Wasser und das Gas Kohlendioxid in Tonnen von lebenswichtigem Zucker – Photosynthese heißt dieser Vorgang.

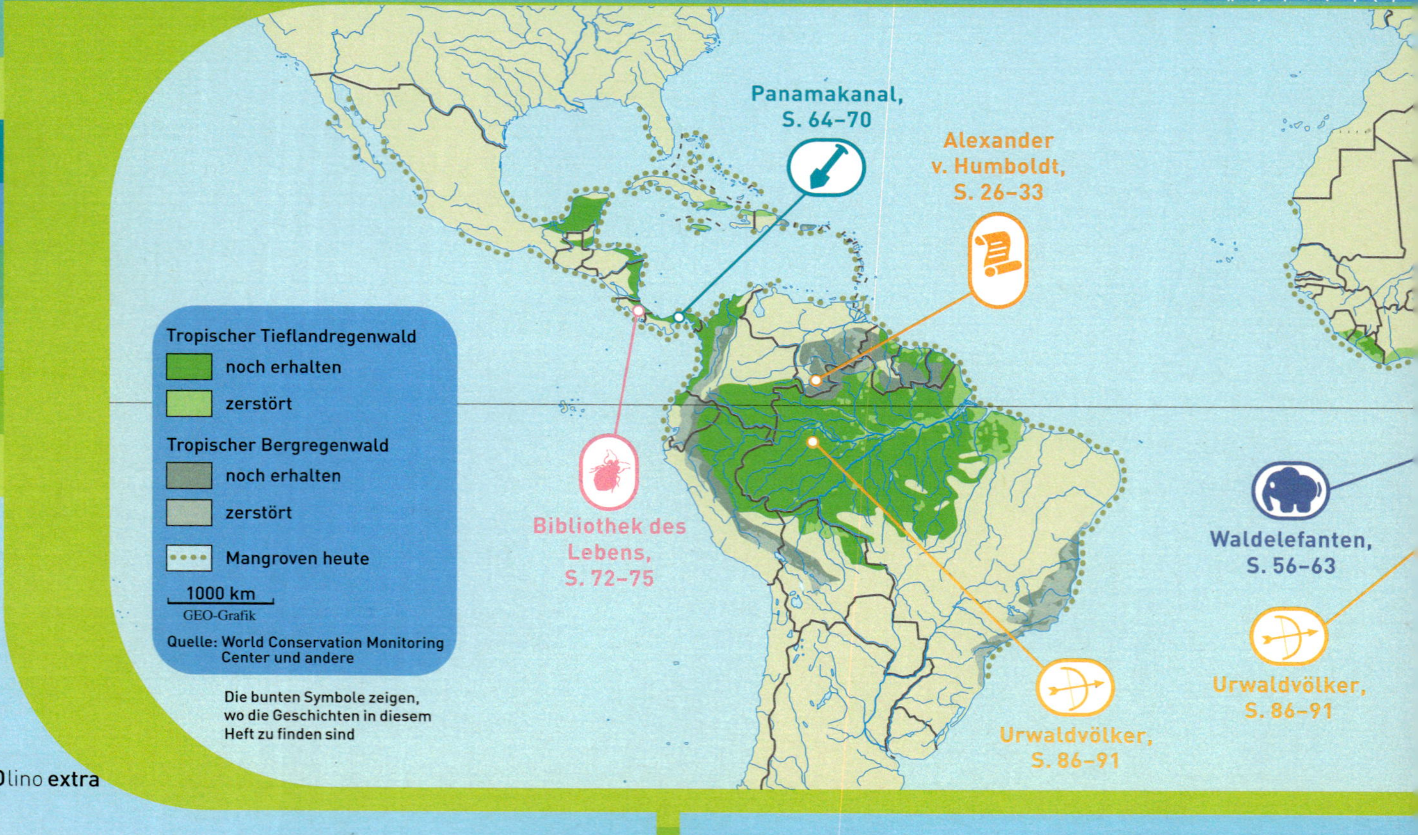

Die bunten Symbole zeigen, wo die Geschichten in diesem Heft zu finden sind

Viele Urwälder sorgen sogar für ihre eigene „Berieselung“ mit Regen. Die Bäume saugen ständig Wasser auf. Was sie nicht speichern, „atmen“ ihre Blätter als Wasserdampf aus. Nebelwolken steigen auf, werden vom Wind fortgetrieben und regnen ihre Feuchtigkeit schon wenige Kilometer weiter ab. So wandert jeder Tropfen dauernd durch Bäume und Wolken, in einem gigantischen Kreislauf.

Doch so genial die Regenwälder auch „funktionieren“ – die uralten Lebensräume sind in Gefahr. Der Mensch setzt ihnen mächtig zu. Überall schwelen Waldbrände. Viehzüchter und Pflanzer verschaffen sich auf diese Weise riesige Ländereien für Plantagen; Kleinbauern legen auf dem dürren Boden Felder an, um ihre Familien zu ernähren. Und Tausende Bäume werden zu Papier oder Möbeln verarbeitet. So wird jedes Jahr eine Regenwald-Fläche zerstört, die doppelt so groß ist wie Österreich.

Es ist schwer und manchmal gefährlich, dagegen zu kämpfen. Aber immer mehr Menschen erkennen, dass der Regenwald keine „grüne Hölle“ ist, sondern als einzigartiger Lebensraum erhalten werden muss. Naturreservate wurden gegründet, Tiere unter besonderen Schutz gestellt, manch armer Bauer hat Arbeit in den Nationalparks gefunden. Es bleibt aber noch viel zu tun. Damit der Dschungel leben kann.

Gesichter des Waldes

Tieflandregenwälder

Hier drängeln sich Bäume und Sträucher, die das ganze Jahr über Blätter tragen. Die Temperatur liegt zwischen 20 und 30 Grad Celsius – und es gibt fast täglich heftige Gewitter

Mangrovenwälder

Mangroven nennt man über 50 Arten von Büschen und Sträuchern, die im Schlamm tropischer Küstenstreifen wachsen. Im Rhythmus von Ebbe und Flut leben viele Muscheln, Krabben und Fische

Bergregenwälder

Sie kommen in tropischen Gebirgen vor, wie in den Anden, in 1800 bis 3500 Meter Höhe. Moose wuchern auf den Bäumen. Tagsüber ist es warm; nachts sinkt die Temperatur bis auf null Grad Celsius

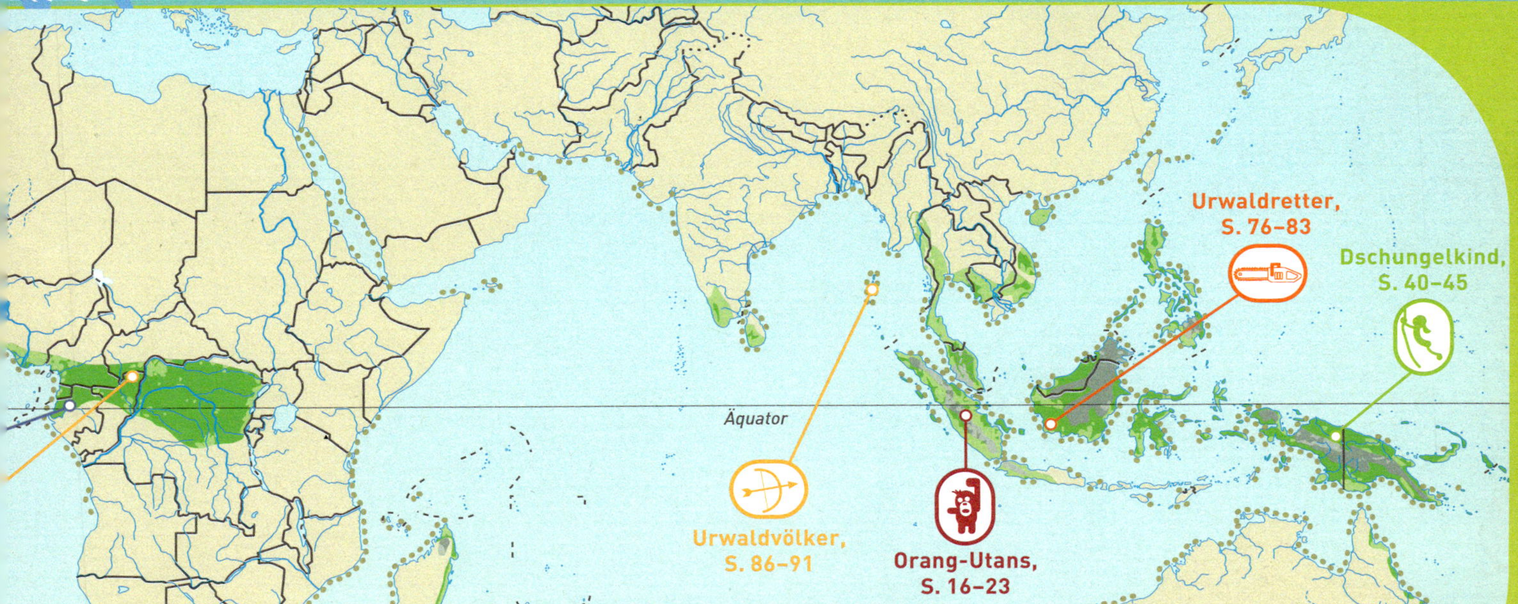

Regenwälder ziehen sich wie ein grünes Band um den Äquator, die gedachte »Mittelachse« der Erde. Hier liegen die Temperaturen zwischen 20 und 30 Grad Celsius, und es regnet regelmäßig und sehr viel – ideale Voraussetzungen für einen üppigen, dichten Dschungel. Doch die Urwälder sind in Gefahr. Bereits die Hälfte aller Regenwälder wurde zerstört

TEXT: SINA LÖSCHKE; FOTOS: BERND JONKMANNS

Kleine Orang-Utans sehen niedlicher aus als jedes Kuscheltier. Auf Sumatra werden deshalb viele gefangen und als lebendiges Spielzeug verkauft. Wer jedoch vom Menschen aufgezogen wird, hat später kaum eine Chance, im Wald zu überleben. Um solche Tiere kümmert sich Peter Pratje: Er leitet die einzige Auswilderungsstation für Orangs auf der Insel und macht sie fit für die Wildnis

Wo zahme Affen wild werden

Noch etwas verschlafen kaut Rimba an ihrem Frühstück. Der Name »Orang-Utan« kommt aus dem Indonesischen und heißt übersetzt »Waldmensch«

Als Peter Pratje während des Klettertrainings in den Futtereimer greift, können sich Roma, Desy und Rimba kaum gedulden. Wilde Orang-Utans hangeln sich fast nie so weit zum Waldboden hinab. Ihr Revier sind die Baumwipfel

Franky ist 13 Jahre alt – ein ausgewachsener Krawallmacher, der etwa viermal stärker ist als sein Trainer. Zur Sicherheit verbringt er deshalb die meiste Zeit im Käfig und darf nur zu den Übungsstunden heraus

So müsst ihr in die Frucht beißen! Peter Pratje zeigt Rimba und Desy, was sie eigentlich längst wissen müssten. Eines der Weibchen hat ihn schnell verstanden und ahmt den Trainer nach, das andere möchte lieber spielen

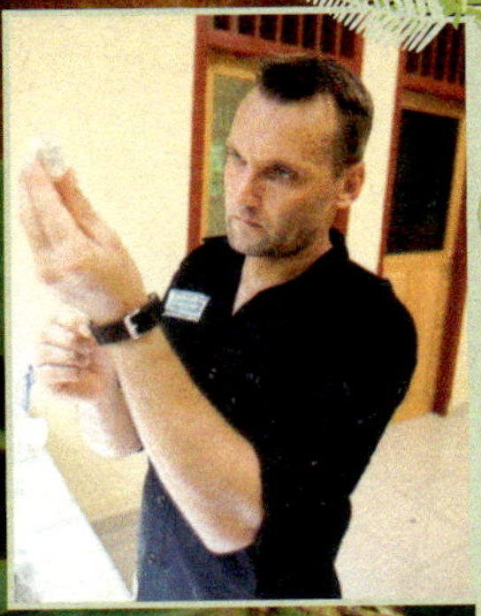

Bevor Franky freigelassen wird, füllt Peter Pratje eine Spritze mit Schlafmittel. Die wird er dem Affen mithilfe eines Blasrohrs verpassen

Als das Schloss aufspringt und die Eisenkette zu Boden fällt, atmet Peter Pratje erleichtert durch. Die Gefangene ist frei und Phase eins seines Rettungsplanes gelungen. „Los geht's, Kleine!“, flüstert der Biologe und nimmt das Orang-Utan-Weibchen auf den Arm. Über Monate, vielleicht sogar Jahre hinweg hat das Tier in dem Hinterhof ein jämmerliches Dasein gefristet. Angekettet wie ein Wachhund! Ohne Kletterbäume, Schlafnest oder frische Zweige.

Ein Schicksal, das in Indonesien viele Orang-Utans teilen. Immer wieder machen Wilderer Jagd auf die rothaarigen Menschenaffen. Sie töten die Mütter und verkaufen die Waisen auf dem Schwarzmarkt. Ihre Kunden sind Geschäftsleute oder Generäle, die mit ihrem Hausaffen angeben wollen, solange er klein ist. Später werden die Tiere in Käfige gesperrt oder an die Kette gelegt – wie das Weibchen aus dem Hinterhof.

Bei dessen Befreiung verliert Pratje keine Zeit. Begleitet von zwei Forst-Polizisten, trägt er seinen Schützling zum Jeep. Angst scheint das Weibchen nicht zu haben. Zutraulich klammert es sich an den Biologen: gerade so, als wüsste es, dass Peter Pratje der beste Freund ist, den sich ein Orang-Utan auf Sumatra nur wünschen kann. Denn der 41-jährige Deutsche von der Zoologischen Gesellschaft in Frankfurt am Main leitet die einzige Orang-Utan-Auswilderungsstation auf der Insel, eine Art Trainingslager für all jene Affen, die nie gelernt haben, dass Futter auf Bäumen wächst.

Zum Beispiel auf den Durianbäumen im Bukit-Tigapuluh-Nationalpark. Hier, am Rand eines der letzten unberührten Regenwaldgebiete Sumatras, hat Peter Pratje das Trainingscamp für illegal gehaltene Orang-Utans aufgebaut. Einziehen darf allerdings nur, wer kerngesund ist, also keine Krankheitserreger im Körper trägt. Deshalb fährt Pratje das Weibchen direkt in eine Tierklinik – zur vierwöchigen Langzeituntersuchung.

Für Rimba und Desy hat im Camp derweil Rettungsphase zwei begonnen: Kletterunterricht steht auf dem Trainingsplan! Doch die beiden ehemaligen Stubenhocker streiken. Lustlos hängen sie an den unteren Ästen ihres Übungsbaumes. Warum sollen wir klettern, wenn das Laufen nur halb so anstrengend ist, scheinen sie sich zu fragen. Sie können nicht wissen, dass am Boden des Regenwaldes Gefahr droht! Wild lebende Orang-Utans setzen wochenlang keinen Fuß auf die Erde, um nicht einem Tiger oder anderen Feinden zum Opfer zu fallen.

Pratje und sein Team aber haben sich einige Tricks einfallen lassen, um den Affen diese lebenswichtigen Lektionen auf spielerische Art beizubringen: Sie spießen Früchte auf die Spitze einer langen Stange und führen sie vor Rimbas Nase am Baumstamm hinauf. Ohne Murren klettert der Faulpelz dem Leckerbissen hinterher. „In den ersten Wochen tollen die Affen in den bis zu zehn Meter hohen Bäumen herum“, erzählt Peter Pratje. „Erst später trauen sie sich auch in die höheren Wipfel.“

Bis es so weit ist, holen sie sich aber eine Menge blauer Flecke, weil sie unerfahren sind: Ein fingerdicker Käfigstab mag einen Orang-Utan halten, ein fingerdicker Ast aber bricht. Madu etwa stürzte aus einer Höhe von acht Metern ab – in der Hand eine dünne Rotanranke, an der er sich zu einem Nachbarbaum hangeln wollte.

Nach einem Monat Tierkrankenhaus zieht auch das aus dem Hinterhof-Käfig befreite Weibchen in das Camp. Die Pfleger begrüßen den Neuankömmling mit einem Bündel Zweige. Daraus bauen sich die Campbewohner abends ein Schlafnest – genau so, wie es ihre Artgenossen in der Wildnis auch tun.

Für Rettungsphase drei muss Peter Pratje schauspielern. Als Rimba und Desy neben ihm kauern, greift er zu einem Stück Holz, das gerade von Termiten durchlöchert wird. Diese Insekten sind sehr nahrhaft, nur wissen Rimba und Desy das noch nicht. Also hält Pratje das Holzstück an seinen Mund und macht laute Schlürfgeräusche. Die Affen begreifen sofort, was ihr Trainer meint. Als er den beiden das Holzstück reicht, ahmen sie ihn nach und lecken sich kurze Zeit später die ersten Termiten aus dem Bart.

Franky hat seinen Fress- und Kletterkurs beendet. Das Männchen weiß, dass die Durianfrucht schmeckt, auch wenn sie scheußlich stinkt. Oder wie klug es ist, sich bei Regen einen Palmwedel wie einen

Das Betäubungsmittel hat gewirkt. Franky schläft tief und merkt nicht, wie Peter Pratje ihn aus dem Käfig wuchtet, ein letztes Mal untersucht und in die Transportkiste legt. Zu Fuß bringen die Männer den Affen dann in sein neues Revier

Weil es im dichten Dschungel des Nationalparks keine Straßen und kaum Trampelpfade gibt, waten Pratjes Helfer durch Bäche. Abgesehen von ein paar umgestürzten Bäumen, sind diese Wege am leichtesten zu passieren

Der letzte Schritt: Kaum hat Peter Pratje die Transportbox einen Spalt geöffnet, zwängt sich Franky aus der Kiste. Von jetzt an ist er einer der nur noch etwa 6000 Orang-Utans, die auf Sumatra in Freiheit leben

Begrüßungsbuffet: Genüsslich lassen sich Franky und ein zweites Männchen die Durianfrüchte schmecken. Solche Fütterungsplattformen baut Pratjes Team für jeden Affen, der ausgewildert wird

Schirm über den Kopf zu halten. Zeit für Phase vier – seine Rückkehr in die Wildnis.

Die Reise beginnt mit einem Stich. Das Männchen ist zu stark, als dass Pratje es ohne Narkose in die Holzbox bekäme. Eine letzte Untersuchung, dann schultern Pratjes Männer die Transportkiste. Zu Fuß bringen sie den Affen tief in den Regenwald – bis zu jener Stelle, an der sie eine Plattform mit Früchten aufgebaut haben: Proviant für Frankys erste Tage in Freiheit. Später werden sie regelmäßig kontrollieren, ob der Affe selbst auf Futtersuche geht.

Fast 40 Orang-Utans hat Peter Pratje in den vergangenen vier Jahren im Bukit-Tigapuluh-Nationalpark ausgewildert. Und da in dem Schutzgebiet früher keine Menschenaffen lebten, freut sich der Deutsche heute über jedes neue Schlafnest, das er entdeckt.

Einem seiner Schützlinge aber möchte Peter Pratje nie wieder über den Weg laufen. Das Männchen war bei seiner Freilassung wütend geworden. Es fiel über den Biologen her, biss ihn in den Oberschenkel – und brach Peter Pratje zwei Finger.

Wie wohl sich die ehemaligen Stubenhocker in der Wildnis fühlen, beweist Santi. Als sie im vergangenen Jahr zu einem Kurzbesuch ins Camp zurückkam, sah Peter Pratje zum ersten Mal ihr Junges Suci. Inzwischen hat auch ein zweites Weibchen Nachwuchs

Das Klettern klappt: Nachdem Franky die Transportkiste verlassen hat, erklimmt er sofort einen Baum. Männchen wie er können bis zu 100 Kilogramm schwer werden. Trotzdem hangeln sie sich problemlos durch die bis zu 80 Meter hohen Baumkronen

Schutzengel der Menschenaffen

Mit Mut, viel Herz und unendlicher Geduld gelang es drei Frauen, das Leben von Gorillas, Schimpansen und Orang-Utans besser zu verstehen. Eine zahlte dafür mit ihrem Leben

Jane Goodall

„Jeder Einzelne kann etwas bewirken", macht sich Jane Goodall Mut, wenn ihr im Kampf für die **SCHIMPANSEN** die Puste ausgeht. Pausenlos fliegt die 71-jährige Engländerin durch die Welt, hält Vorträge und sammelt Geld für ihr Schimpansen-Waisenhaus, das Aufforstungsprogramm oder das Forschungszentrum in **GOMBE** (Tansania), wo Goodall 1960 mit ihrer Arbeit in der Wildnis begann. Die Schimpansen gewöhnten sich nur langsam an die Fremde. Doch bald zeigten sie ihr, wie sie mit Ästen Termiten aus deren Bauten pulen. Goodalls Erkenntnisse waren eine Sensation. Anders als die Gorilla-Forscherin Fossey beschloss Goodall aber, nicht im Alleingang gegen Affenjäger und Holzfäller vorzugehen. Sie gründete das **JANE GOODALL INSTITUTE**, dessen Helfer sich weltweit für Schimpansen einsetzen.

Dian Fossey

Dian Fossey wollte Tierärztin werden. Doch am Ende des Studiums fiel sie durch die Prüfung. Dass sie einmal zu den bekanntesten Affenforschern der Welt gehören würde – unvorstellbar. Weil die Kalifornierin jedoch davon träumte, mit wilden Tieren zu leben, ließ sie sich überreden, in den Virunga-Bergen **RUANDAS** das Leben einer Gruppe **BERGGORILLAS** zu untersuchen. Ab 1967 verbrachte sie jeden Tag mit den Affen. Fossey stand wie sie noch vor Sonnenaufgang auf, lief auf allen vieren und ahmte ihre Laute nach, um das Vertrauen der Tiere zu gewinnen. Drei Jahre dauerte es, dann war sie akzeptiert. Die Affen waren Fosseys Familie. Um sie zu schützen, legte sie sich mit Wilderern an – ihr Todesurteil. 1985 brach ein Unbekannter in Fosseys Hütte ein und erschlug sie. Ihr Lebenswerk aber wird fortgesetzt.

Biruté Galdikas

Kein Mensch verbringt mehr Zeit in der Nähe wild lebender **ORANG-UTANS** als Biruté Galdikas. Und doch gibt es kein Foto, das die Kanadierin inmitten einer Orang-Familie zeigt. Die roten Menschenaffen ziehen es nämlich vor, allein durch die Wipfel zu klettern. Galdikas reizte genau diese Eigenbrötelei, als sie im Alter von 22 Jahren nach **BORNEO** ging und dort ein Forschungscamp aufbaute. Warum haben die Affen nie gelernt, in Gruppen zu leben, fragte sie sich. Heute weiß die 59-jährige Professorin mehr über die Tiere als irgendwer sonst. Sie erkennt am Klang herabfallender Fruchtschalen, wo ein Orang-Utan gerade frühstückt, und kämpft mit ihrer Stiftung gegen die Zerstörung des Regenwaldes. Näher als zehn Meter aber kommt auch Biruté Galdikas einem wilden Orang nur selten. Die „Waldmenschen" mögen keine Begleiter.

GEOlino.de

Dian Fossey lebte und starb für die Berggorillas. Mehr über ihr aufregendes Leben erfahrt ihr auf unserer Website: **www.geolino.de/dian-fossey**

Grün und gesund: Die Heilkraft

Über die Medizinmänner der Naturvölker haben moderne Ärzte lange gelächelt. Heute wollen sie möglichst viel von ihnen wissen. Denn deren Rindentees und Kräuteröle aus dem Urwald enthalten tatsächlich Wirkstoffe, die Leben retten können

Unter seinem Strohhut rinnt Helmut Wiedenfeld der Schweiß von der Stirn. Die schwüle Hitze in Mexikos Dschungel macht dem Chemiker aus Bonn zu schaffen. Der kleine Mann neben ihm dagegen fühlt sich sehr wohl: Zielstrebig wühlt der alte Schamane in der Erde, bis er ein paar Wurzelstränge in den Händen hält. „Elemuy", sagt er stolz und zeigt auf den Baum, zu dem die Wurzeln gehören. Hier wächst sie also! Die Pflanze, deren Wurzelextrakte die Maya schon seit Generationen nutzen, um die unheilvolle Zuckerkrankheit „Diabetes mellitus Typ II" zu behandeln.

„Süßes Blut" nennen die Ureinwohner dieses Leiden, das Herz, Kreislauf, Augen und Nieren schädigt und sogar tödlich sein kann. In einigen Indianer-Dörfern sind 80 Prozent der Menschen daran erkrankt. Bei uns in Europa oder in Nordamerika wird diese Krankheit mit einer Diät, mit Tabletten und dem Hormon Insulin behandelt. Die Urwaldbewohner Mexikos müssen dagegen auf die Hilfe und das Wissen ihrer Schamanen vertrauen.

Deren Dschungelmedizin besteht aus Kräutersud, Rindentee, Ölen und Salben: Sie wird gewonnen aus allem, was im Wald wächst und gedeiht. Zubereitet nach uralten Rezepten, hilft sie bei den verschiedensten Leiden. Das klingt nach Hokuspokus, ist es aber nicht. Zusammen mit mexikanischen Wissenschaftlern konnte Helmut Wiedenfeld beweisen, dass der Wirkstoff des Elemuy-Baumes tatsächlich gegen die Zuckerkrankheit hilft. Jetzt stehen die Chancen gut, dass dieses pflanzliche Heilmittel aus dem Dschungel

der Pflanzen

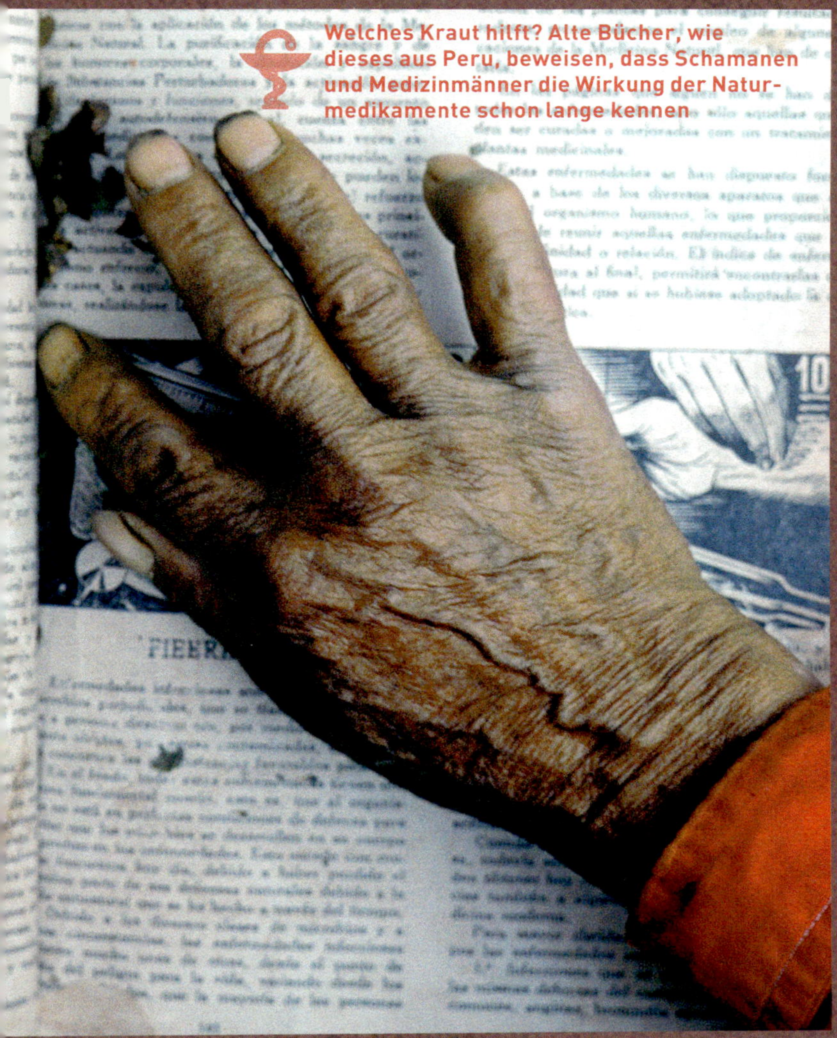

Welches Kraut hilft? Alte Bücher, wie dieses aus Peru, beweisen, dass Schamanen und Medizinmänner die Wirkung der Naturmedikamente schon lange kennen

bald auch jenen Zuckerkranken in Deutschland hilft, die normale Tabletten nicht gut vertragen. Es wäre nicht das erste Medikament aus der Urwald-Apotheke.

Bis heute weiß kein Mensch, wie viele heilsame Gewächse sich im Dickicht der Regenwälder verbergen. Forscher haben erst einen Bruchteil der Pflanzen- und Tierwelt untersucht. Deren Lebensraum gilt ihnen als unerschöpflicher Fundort für neuartige Wirkstoffe: Nirgendwo sonst auf der Erde müssen sich Lebewesen gegen so viele Feinde, Konkurrenten und Krankheitserreger durchsetzen wie im Regenwald. Die Tiere und Pflanzen produzieren deshalb ständig Abwehrstoffe. Und die sind immer wieder für eine Überraschung gut.

So wie beim Madagaskar-Immergrün! Die Pflanze stammt aus den tropischen Wäldern der Insel Madagaskar. Weil sie hübsch aussieht, verzieren viele Leute in Deutschland damit ihr Blumenbeet. Längst nicht so liebenswürdig gehen die Arzneimittelhersteller mit dem Grünzeug um: Sie rupfen dem Immergrün alle Blätter ab, zerhacken die Stängel und trocknen alles. Aus einer Tonne dieser Pflanzenmasse gewinnt man ein Gramm des kostbaren Wirkstoffs. Wozu der Aufwand? Um Kindern mit Leukämie, also Blutkrebs, das Leben zu retten! Denn die Immergrün-Arznei hilft, bösartige Krebszellen abzutöten, und hat schon Tausende Kinder wieder gesund gemacht.

Helmut Wiedenfeld hofft, dass der Elemuy-Wirkstoff bald das Leiden vieler Zuckerkranker lindern wird. Noch wichtiger aber ist ihm, dass auch die Indianer nicht leer ausgehen. Als Dank für ihre Hilfe bekommen die Ureinwohner Unterricht in Ernährungskunde. Dort lernen sie, so gesund zu essen, dass sie nicht so leicht zuckerkrank werden. Und nicht nur das. Geht es nach Helmut Wiedenfeld, soll das Elemuy-Medikament in Mexiko nur so viel kosten, dass es sich auch arme Patienten leisten können.

Susanne Lummer

Hemd und Halstuch blütenweiß! Auch im tiefsten Urwald vergaß Alexander von Humboldt (1769–1859) nie seine Herkunft aus gutem Haus. Den preußischen Baron sollte man ihm schließlich ansehen

TEXT: MARTIN VERG

EIN EDELMANN IM UNTERHOLZ

Die Studierstube war dem Forscher auf Dauer zu eng. ALEXANDER VON HUMBOLDT wollte die Welt entdecken und begreifen. Deshalb durchstreifte der preußische BARON fast fünf Jahre lang den DSCHUNGEL Südamerikas, bestieg mit Schnee bedeckte VULKANE und wäre fast in den schlammigen FLUTEN des Orinoco ertrunken

Das Kanu auf dem Orinoco trug nicht nur die beiden Forscher und ein knappes Dutzend Indianer. Es lebte ein ganzer Zoo an Bord, etwa ein Tukan, der alles stibitzte, was ihm vor den großen Schnabel kam

Feucht, heiß und drückend ist die Luft. Nach den Moskitos zu schlagen, die in dichten Schwärmen wie ein Nebel über dem Fluss wabern, haben die Männer längst aufgegeben. Ihre Hände und Gesichter sind blutig und zugeschwollen von den Stichen der Insekten. Schon eine Stunde kreuzt das schmale Kanu vor dem dicht bewachsenen Ufer auf und ab – irgendwo muss es doch eine lichte Stelle geben in diesem Dickicht aus Bäumen und Büschen, wo man anlegen und ein Nachtlager aufschlagen kann! Es wird auch Zeit fürs Abendessen, selbst wenn das aus kaum mehr besteht als zerstampften Kakaobohnen und ein paar Ameisen, die mit Flusswasser heruntergespült werden.

Die Männer sind erschöpft, am Ende ihrer Kräfte. Nur einer sitzt da – im feinen Gehrock, so als wäre er nicht im tiefsten Dschungel Amazoniens unterwegs, sondern auf dem Weg in die Oper – und kritzelt unermüdlich in sein Tagebuch: „Dieser Landstrich ist so wild und so wenig von Menschen betreten, dass die Indianer keinen der Punkte mit Namen zu nennen wussten." Es ist das Jahr 1800, Mitte Mai. Seit gut zehn Monaten bereist Baron Alexander von Humboldt Südamerika. Doch nirgends ist es bisher so ungastlich und menschenfeindlich gewesen wie hier am Casiquiare, dem sagenumwobenen Fluss, der Amazonas und Orinoco verbindet. Kein Abschnitt der Expedition war so anstrengend wie dieser Ausflug ins Herz des Kontinents.

Warum tut er sich das an? Humboldt kommt aus gutem Hause, hat studiert und in schnellen Schritten Karriere gemacht als Beamter der preußischen Regierung: 1795, mit knapp 26 Jahren, wird er zum Oberbergrat ernannt und ist nur noch eine Stufe von der Berufung zum Minister des Königs entfernt.

Von der Ankunft in Venezuela bis zum letzten Abschied von Kuba und den USA – fast fünf Jahre seines Lebens und einen großen Teil seines Vermögens kostete Humboldt die Amerikareise. Der Lohn: unsterblicher Ruhm!

6000 verschiedene Pflanzenarten zählte der Botaniker Bonpland während der Reise, wie diese Orchidee aus dem Grenzgebiet zwischen Ecuador und Peru. Rund die Hälfte davon waren in Europa bis dahin unbekannt

Der junge Mann ist mit den Dichtern Goethe und Schiller befreundet und hat bereits halb Europa bereist. Besser kann es doch für ihn gar nicht laufen. Oder doch? „Der Mensch muss das Gute und Große wollen! Das Übrige hängt vom Schicksal ab", so schreibt Humboldt am 4. Juni 1799 in einem Brief, am Tag darauf bricht er nach Südamerika auf.

Eine sichere Beamtenlaufbahn – schön und gut. Europareisen – tolle Sache, aber das kann nicht alles sein. Der Baron will die Welt kennen lernen. Mehr noch: Er will sie von Grund auf und bis ins letzte Detail verstehen. Und zwar die ganze Welt!

Deshalb verlässt er den Staatsdienst und beginnt, seine Reise zur Erforschung der Erde zu planen. Geld ist genug vorhanden: Nach dem Tod der Mutter haben er und sein Bruder Wilhelm ein ordentliches Vermögen geerbt. Humboldt reist zunächst nach Paris. Dort lernt er den Botaniker Aimé Bonpland kennen und lädt ihn ein, nach Amerika mitzukommen. Bonpland ist einverstanden – der größte Glücksfall in Humboldts Forscherleben, wie sich noch zeigen wird. In Madrid lassen sich die beiden vom spanischen König Pässe ausstellen, die ihnen erlauben, ungehindert durch Südamerika zu reisen, das damals mit Ausnahme Brasiliens zu Spanien gehört. „Grund der Reise: Aneignung von Wissen", steht in den Dokumenten.

Sechs Wochen dauert die Fahrt über den Atlantik, Mitte Juli 1799 geht das Schiff an der Küste des heutigen Venezuela vor Anker. Gleich hinter dem Hafen beginnt der Dschungel, „ein ungeheurer Wald", wie Humboldt notiert. Und was immer er erwartet hat – plötzlich kommt er sich vor wie ein Forscher im Schlaraffenland: „Wie die Narren laufen wir bis jetzt umher;

»Mit meinem REISEGEFÄHR

An der Pazifikküste beobachtete Humboldt die einheimischen Indianer auf ihren Wohnflößen: Sie hatten reichlich Platz, verglichen mit der Nussschale, die ihm auf dem Orinoco zur Verfügung stand

Humboldt und Bonpland hatten zahlreiche Gerätschaften bei sich. Mit Thermometern (ganz rechts), Fernrohren und Sextanten konnten sie nach Belieben die Welt um sie herum beobachten und vermessen

TEN Bonpland habe ich alle Ursache, ZUFRIEDEN zu sein«

60 000 Pflanzenproben schickten die Forscher nach Europa. Manche, wie die Blätter der Passionsblume (rechts), sind noch in Paris zu bestaunen. Von der Paranuss (links) blieben genaue Zeichnungen erhalten

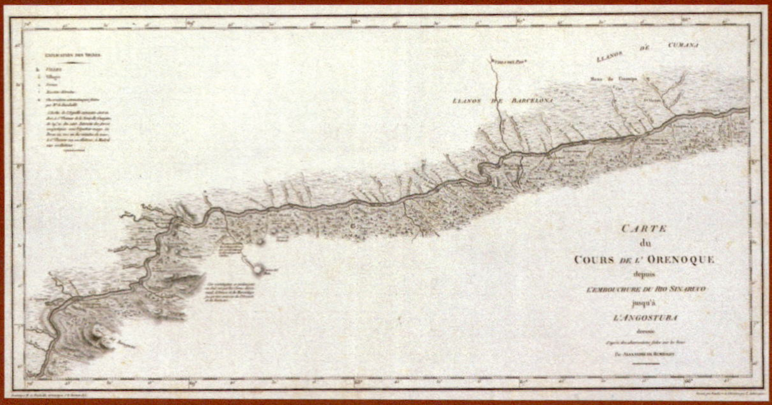

Selbst während er in der tropischen Schwüle schwitzte und von blutgierigen Moskitos zerstochen wurde, war Alexander von Humboldt fleißig und kartierte haarklein die Reiseroute. Mithilfe seiner Skizzen (rechts) ließ er später Landkarten anfertigen. Zum Beispiel vom Orinoco, Südamerikas drittgrößtem Strom

»Wie die NARREN laufen wir bis jetzt umher«

Mit 6267 Metern galt der Vulkan Chimborazo als höchster Berg der Welt. Bis fast ganz nach oben schaffte es Humboldt, was seinen Ruf als Entdecker festigte: Anfang des 19. Jahrhunderts stieg niemand freiwillig auf verschneite Gipfel

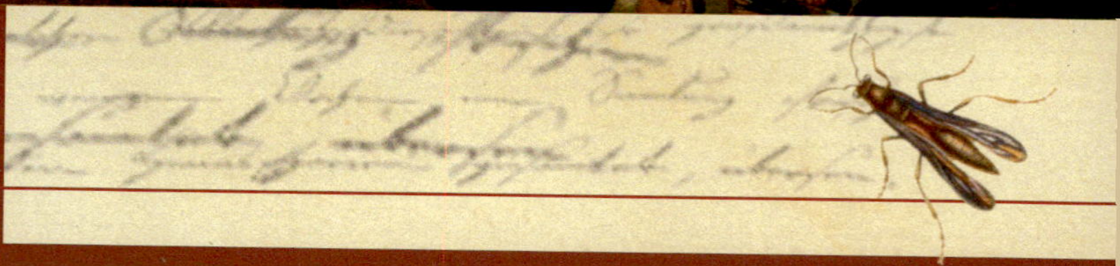

Humboldt skizzierte, notierte und vermaß so ungefähr alles, was ihm vor Augen kam: vom Durchmesser eines Schneckenhauses über die Länge eines toten Krokodils bis hin zu den höchsten Bergketten

in den ersten drei Tagen können wir nichts bestimmen, da man immer wieder einen Gegenstand wegwirft, um einen anderen zu ergreifen."

Dann beginnen die beiden mit ihrer Arbeit, die sie in den folgenden fünf Jahren kaum einmal unterbrechen werden: Schmetterlinge fangen, Sterne beobachten, Steine zerhämmern und Luftdruck messen, Blätter, Blüten, Früchte sammeln, die Sitten und Gebräuche der Einheimischen beobachten, Zeichnungen anfertigen von Menschen, Tieren, Pflanzen, Landschaften. Es gibt nichts, was Humboldt nicht interessiert.

Am Orinoco, dem drittgrößten Fluss Südamerikas, entdeckt er Zitteraale. Diese bis zu zweieinhalb Meter langen Fische töten ihre Beute mit heftigen Stromstößen. Die Eingeborenen zeigen den Forschern einen Trick, wie man die Fische unschädlich machen kann: Sie treiben Pferde ins Wasser und warten, bis sich die Aale an denen ausgetobt haben. Dann ziehen sie die ermatteten Fische an Land. Bonpland und Humboldt können sich nun ohne Gefahr mit Waage und Maßband über die Aale hermachen.

Solche Geschichten sind es, die Humboldt daheim in Europa zum Helden der Naturwissenschaft machen – noch während er im Urwald unterwegs ist. Denn sooft es geht, schickt er Reiseberichte nach Hause, an Freunde und Kollegen, aber auch an die Zeitungen, die begierig alles abdrucken, was der Baron aus dem Dschungel vermeldet: 10 000 Kilometer hätten er und Bonpland allein auf dem Orinoco zurückgelegt. Immer wieder würden sie auf Spuren von Kannibalen stoßen, abgenagte Menschenknochen in jeder Hütte. Und überhaupt: die Wilden! Man solle denen bloß nie die Hand geben, denn sie schmierten sich Gift unter die Fingernägel und

Vom Strand bis zum Schneegipfel. Auf dieser Abbildung hat Humboldt verzeichnet, auf welcher Höhe und in welchem Klima er welche Pflanzenarten in Südamerika entdeckt hat

Humboldt interessierte auch, wo welche Tiere leben. Verblüfft stellt er fest, dass Schmetterlinge noch in Berghöhen anzutreffen sind, wo längst kein Strauch mehr wächst. Vielleicht »durch Luftströme in diese Regionen geführt«?

könnten damit jeden Fremden per Handschlag töten! So etwas kommt gut an in der Heimat, obwohl es häufig übertrieben, wenn nicht frei erfunden ist.

Humboldt hätte gar nichts hinzudichten müssen. Die Mühen und Strapazen der Expedition können wir uns heute auch so kaum noch vorstellen. Bonpland stirbt fast an der Malaria; Humboldt ertrinkt beinahe, als das Boot in den Stromschnellen des Orinoco kentert und sein treuer Freund ihn huckepack aus den Fluten retten muss. Und die Moskitos sind nicht nur am Casiquiare eine Qual, auch wenn Humboldt das ganz wissenschaftlich sieht: „Die Luft erhielt in bestimmten, nie wechselnden Stunden immer wieder eine andere Bevölkerung; und man könnte beinahe am Sumsen der Insekten und an den Stichen Tag und Nacht mit verbundenen Augen erraten, welche Zeit es ist.“

Erst nach knapp fünf Jahren, nachdem sie auch noch Mexiko, Kuba und die USA bereist haben, kehren Bonpland und Humboldt wieder heim, nach Europa. Jetzt beginnt die eigentliche Arbeit, die Humboldt über Jahrzehnte beschäftigen wird. Rund 30 Bände mit insgesamt 9000 Seiten umfasst der Forschungsbericht. Allein 3000 zuvor noch unbekannte Pflanzen hat vor allem der fleißige Bonpland entdeckt, insgesamt 60 000 Blätter und Blüten gesammelt. Die beiden können weiße Flecken im Atlas mit detaillierten Karten füllen. Völkerkunde, Geographie und Geologie, Botanik, Astronomie, Meereskunde und Klimaforschung: kaum eine Wissenschaft, die dem Baron nicht grundlegend neue Erkenntnisse zu verdanken hat.

Während Aimé Bonpland 1816 erneut nach Südamerika aufbricht, wo er bis zu seinem Lebensende im Jahr 1858 lebt, bleibt Alexander von Humboldt in Europa. Er gilt bald als der größte Universalgelehrte seiner Zeit, vielleicht sogar aller Zeiten. Er ist ein begehrter Gast in vielen Königshäusern. Wissenschaftler aus aller Welt ersuchen ihn um Rat.

Doch den Dschungel, den „ungeheuren Wald“, in dem alles anfing, hat er bis zu seinem Tod mit knapp 90 Jahren nicht mehr wiedergesehen.

»Der Mensch muss

Vor allem als Naturforscher ist Humboldt in die Geschichte eingegangen. Dabei war er ebenso an den Menschen und ihrer Kultur interessiert. Etwa an der Hieroglyphen-Schrift der alten Indianervölker Mexikos

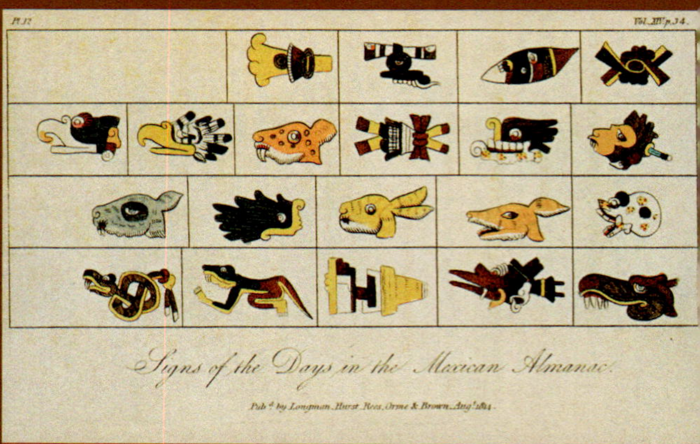

Sein Leben lang war Humboldt von der Arbeit besessen, als junger Mann im Urwald wie als Greis an seinem Berliner Schreibtisch. Nach langen Jahren in Paris kehrte er 1827 wieder in seine Heimatstadt zurück

das GUTE UND GROSSE wollen«

Der 9000 Seiten lange Reisebericht Humboldts ist das teuerste wissenschaftliche Werk, das ein Autor je selbst bezahlt hat. Allein 50 Zeichner, Kartographen und Kupferstecher hatten damit zu tun, seine Skizzen wie die eines Affen zum Druck herzurichten

TEXT: ALICE LANZKE

Die schrillsten Typen des Dschungels

Der Ara schmückt sich mit den Farben des Regenbogens, am Amazonas krabbelt ein Käfer im Smaragdkostüm durchs Geäst: Der Regenwald erscheint wie ein einziger Schönheitssalon. Doch die bunte Pracht der Tiere hat einen Sinn – sie schützt ihr Leben und hilft bei der Partnersuche

Wer in den Bergnebelwäldern Guatemalas einen Quetzal sehen will, muss viel Geduld aufbringen. Der Vogel ist selten und zeigt sich nicht gern. Dabei hätten gerade die Männchen allen Grund, voller Stolz für Naturfotografen zu posieren. Ihr Rücken und die Flügel schimmern so grün wie frisches Gras. Die Brust leuchtet blutrot, und den Kopf ziert ein grünlich-goldener Schopf. Zu allem Überfluss glänzt und schillert das Federkleid je nach Lichteinfall tiefblau, türkisfarben oder smaragdgrün. Kein Wunder, dass der

MADAGASKAR-SPINNER
An den zartrosa-orangefarbenen Flügeln und den Augenflecken erkennt man den Madagaskar-Spinner. Der Schönling aus dem Insel-Regenwald ist schon als Raupe ein Hingucker. Die nämlich trägt ein grellgrünes Stachelkostüm

RIESENTUKAN

Leuchtend orangefarben schimmert der klobige Schnabel des südamerikanischen Riesentukans. Schwer zu tragen hat der Vogel an dem Monstrum allerdings nicht. Die Schnabelhälften bestehen aus einem verknöcherten Wabengerüst und sind sehr leicht

FÄRBERFROSCH

»Achtung, giftig!«, warnen die Streifen dieses Pfeilgiftfrosches. Das tödliche Mittel im Schleim auf seiner Haut stellt der Winzling aus Französisch-Guayana aber nicht selbst her. Es steckt in den Ameisen, die er frisst

QUETZAL

Quetzal vom Volk der Maya als Göttervogel verehrt wurde und heute selbst das Geld in Guatemala nach ihm benannt ist.

Den Quetzal-Männchen ist das egal. Sie haben mit ihrer Farbenpracht nur eines im Sinn: „Mann" will „Frau" gefallen! Und je prächtiger das Gefieder glänzt, desto schneller lässt sich die Herzdame auf den Schönling ein.

Das Beispiel zeigt: Die Natur setzt ihren Malkasten nicht beliebig ein. Auf jeden Farbtupfer kommt es an. Der Quetzal, die Ara-Papageien im Regenbogenkostüm oder die rotnasigen Mandrill-Männchen tragen ihren Schmuck, um bei der Partnersuche erfolgreich zu sein. Andere benutzen ihn zur Warnung, etwa die knallbunten Pfeilgiftfrösche aus den Regenwäldern Mittel- und Südamerikas.

Die Winzlinge sehen aus, als wären sie der Fantasie eines Künstlers entsprungen. Es gibt sie in Himmelblau, Zitronengelb, Erdbeerrot oder Giftgrün; mal gestreift, mal gepunktet oder mit einem wilden Muster-Mix. Der funktioniert wie eine rote Ampel: „Stopp! Friss mich nicht – es könnte gefährlich werden!", signalisiert die Farbenpracht allen Feinden. Zu Recht.

Bei Gefahr sondern die Frösche über ihre Hautdrüsen einen giftigen Schleim ab. Der ist zum Beispiel beim Hüpfer mit dem Beinamen „der Schreckliche" so gefährlich,

AMAZONISCHER BAUMSTEIGER

Dieses blau-orangefarbene Muster haben Forscher schon in 40 Meter hohen Wipfeln entdeckt. Bis dort oben trägt der Pfeilgiftfrosch seine Kaulquappen, um sie in den mit Regenwasser gefüllten Blüten der Bromelien auszusetzen

KLEINER VEILCHENOHR-KOLIBRI

Blau-grün schillert das Federkleid des kleinen Veilchenohr-Kolibris. Der Zwerg aus dem Norden Südamerikas wiegt gerade mal fünf bis acht Gramm und trägt die grünen Federn unter den Flügeln erst, wenn er ausgewachsen ist

RAUPE DES AUGENSPINNERS

Wer so drohend schaut, wird nicht so schnell gefressen – dabei sind die »Glubscher« der Augenspinner-Raupe aus Costa Rica nicht mal echt, sondern Farbkleckse. Später entwickelt sich das Tier zu einem Schmetterling

RÜSSELKÄFER

An einen blauen Sommerhimmel erinnert die Farbe dieses Exemplars aus der Familie der Rüsselkäfer. Der auffallend schöne Krabbler lebt auf Papua-Neuguinea und misst etwa 2,4 Zentimeter

MANDRILL

Auffallen wollen die Mandrill-Männchen. Sie schließen sich nur zur Paarungszeit den großen Horden der Weibchen an und hoffen, mit ihrer »Maske« zu beeindrucken

GRÜNER LEGUAN

Vor dem dunklen Hintergrund hat der grüne Leguan keine Chance, sich zu verstecken. In den Wipfeln des südamerikanischen Regenwaldes aber verschmilzt die Echse mit ihrer Umgebung und wird so für Feinde nahezu unsichtbar

GRÜNFLÜGELARA

Stellen Grünflügelaras ihre Kopffedern auf, sehen sie aus, als hätten sie eine Punkfrisur. Bei den Papageien gilt: je glänzender das Gefieder, desto größer die Chance, einen Partner zu finden

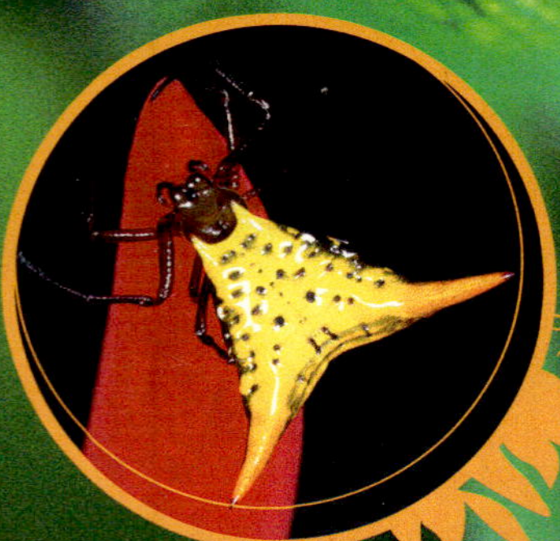

PFEILSPINNE

Grelle Farben machen neugierig – auch Insekten, die Lieblingsbeute der Pfeilspinne. Sie spinnt im Regenwald Costa Ricas ihr Netz und legt sich zum Schluss als leuchtendes Lockmittel auf die Lauer

BLATTHORNKÄFER

Grün wie ein Smaragd glänzt der Panzer dieses Sechsbeiners. Er lebt im Amazonas-Regenwald und ist nur einer von etwa 30 000 bis 40 000 verschiedenen Krabblern aus der Familie der Blatthornkäfer

GROSSER HELMHORNVOGEL

Ein »bunter Hund«: Der Helmhornvogel kommt nur auf der indonesischen Insel Sulawesi vor und ist aus der Ferne an seinem lauten Geschrei zu erkennen

BLAUER MORPHO-FALTER

dass jeder um sein Leben fürchten muss, der ihn auch nur mit bloßem Finger berührt, wenn er dort eine kleine Wunde hat.

Der Morpho-Falter aus den Urwäldern Mittel- und Südamerikas setzt auf eine andere Taktik, um nicht gefressen zu werden. Er trickst seine Feinde aus. Fliegt der Falter durch die unteren Stockwerke des Regenwaldes, reflektieren die kleinen Schuppen auf der Oberfläche seiner Flügel das Sonnenlicht und lassen sie blau aufblitzen. Vögeln oder anderen Jägern erscheint dieses Farbenspiel wie ein tanzender Sonnenstrahl. Die Folge: Sie übersehen den Schmetterling. Wird der Schönling aber doch entdeckt, hastet er zum nächsten Ast. Dort klappt er seine Flügel zusammen, sodass nur noch deren dunkle Unterseiten zu sehen sind. In dieser Haltung ist er vom Baum kaum noch zu unterscheiden.

Der Tuschkasten der Natur macht also die Regenwaldtiere nicht einfach nur bunter. Er hilft bei der Brautschau, bei der Tarnung vor Feinden oder schreckt Angreifer ab. Doch sehen Tiere überhaupt Farben so wie Menschen? Diese Frage ist nicht einfach zu beantworten. Versuche haben gezeigt, dass Vögel, Bienen, Schmetterlinge und Affen Farben sehr wohl erkennen können – manche Tiere sogar besser als wir. Schnecken oder Regenwürmer können nur hell und dunkel unterscheiden. Schade eigentlich, bei so viel Farbpracht im Regenwald.

DSCHU

BESTE FREUNDE

Von den Fayu-Jungen lernte Sabine das Schießen mit Pfeil und Bogen. Vormittags, wenn das Mädchen in der Küche seine Schulaufgaben erledigte, spähten sie durch das Fenster und neckten ihre Spielkameradin. Die aufgeblähten Bäuche mancher Eingeborenen-Kinder zeigen, dass sie zu wenig und ungesund gegessen haben

NGELKIND

AUFGEWACHSEN BEIM VOLK DER FAYU

Als Sabine Kuegler sieben Jahre alt war, zog ihre Familie in den Regenwald West-Papuas. Insgesamt acht Jahre hat sie dort gelebt. GEOlino extra traf die heute 32-jährige Frau zum Interview über ihre abenteuerliche Kindheit

GEOlino extra: Die erste Begegnung mit den Fayu war bestimmt sehr aufregend. Was hat sich bei der Ankunft im Urwalddorf abgespielt?

SABINE KUEGLER: Es war ganz komisch. Als unser Hubschrauber landete, war das Fayu-Dorf leer – kein Mensch zu sehen, kein Tier. Nur mein Vater, der unsere Ankunft vorbereitet hatte und uns in Empfang nahm, also meine Mutter, meine Schwester, meinen Bruder und mich. Als wir ausgestiegen waren, rief er etwas in den Wald, worauf ein paar Krieger aus dem Dschungel traten. In diesem Moment bekam ich Angst: nicht, weil die Männer mit ihren Bogen und Steinäxten so kriegerisch aussahen, sondern weil sie nicht lächelten. Sie näherten sich uns mit schleichenden Schritten, gerade so, als wären wir Außerirdische. Wir waren ja die ersten weißen Kinder, die sie sahen. Die Männer umzingelten uns, kamen näher und näher und sprangen dann erschrocken auseinander, als ich ängstlich „Papa!" rief. Eine so piepsige Stimme hatten sie wahrscheinlich noch nie gehört. Mein Vater hat uns dann vorgestellt, und in kürzester Zeit war die Angst verflogen.

Habt ihr schnell Freunde gefunden?

Ja. In den ersten Tagen haben wir zwar noch allein gespielt, aber ir-

SCHUTZGEBIET

»Verlorenes Tal« nennen die Einheimischen den dicht bewaldeten Lebensraum der Fayu. Denn bis zu 5000 Meter hohe Bergketten schotten das kleine Volk wie schwer überwindbare Mauern von der Außenwelt ab

SCHMUCKSTÜCK

Wenn sich ein Fayu herausputzen will, sticht er sich wie diese Frau einen Vogelknochen durch die Nase. Solch ein Piercing hätte auch Sabine gern gehabt, doch ihre Mutter ließ es nicht zu

ÜBERLEBENSREGEL:
IMMER EINEN STOCK ZUR HAND

gendwann traute sich Tuare zu uns. Er war der neugierigste Fayu-Junge und zeigte uns seinen Pfeil und Bogen und wie man damit schießt. Von da an haben wir geübt und geübt. So gut getroffen wie die Fayu-Kinder haben wir allerdings nie. Sie waren einmalig gute Schützen. Das mussten sie aber auch, wenn sie nicht hungern wollten. Bei den Fayu galt damals die Regel, dass zuerst die Männer essen, dann die Frauen und zuletzt die Kinder. Für die blieben nur die Reste übrig, und das war nicht viel. Deshalb haben die Kinder auch selbst gejagt.

Worauf habt ihr Jagd gemacht?

Vor allem auf Echsen, Vögel und etwas, das wie ein Murmeltier aussah. Tuare und die anderen haben uns gezeigt, wo sich die Tiere am liebsten verstecken und worauf wir achten müssen, damit uns in der Wildnis nichts zustößt. Wenn man durch den Dschungel läuft, sollte man zum Beispiel immer einen langen Stock bei sich haben. Schritt für Schritt muss man ihn vor sich aufsetzen. Denn sollte da zufällig eine Schlange auf dem Weg liegen, würde sie zuerst in den Stock beißen und nicht in den Fuß. Wir Kinder sind meist auf den Pfaden der Wildschweine gelaufen, weil man dort den Boden gut überblicken konnte. Wir mussten lernen: Guck zuerst, wohin du trittst. Es kann lebensgefährlich sein, weit in der Gegend herumzuschauen, statt auf den Weg vor sich zu achten.

Und? Seid ihr nie in Gefahr geraten?

Doch. Ich bin einmal auf eine Schlange getreten – und zwar so kräftig, dass ich meinen Fußabdruck auf ihr sehen konnte. Zum Glück hat sie mich nicht gebissen. Ein andermal habe ich mit einer kleinen Spinne gespielt, weil sie

WILDE GEFAHR

Ein Fayu-Krieger hat ein Wildschwein erlegt: frisches Fleisch für alle. Die Borstentiere können gefährlich werden. Sabines Schwester Judith konnte sich einmal nur durch einen Sprung in den Fluss vor den angriffslustigen Schweinen in Sicherheit bringen. Vor dem Baumkänguru-Baby musste sich ihr Bruder Christian nicht fürchten

HAUSAUFGABEN

Während Mutter Doris kochte, saß Sabine am Küchentisch über ihren Schulaufgaben. Sie mochte das Alleinlernen überhaupt nicht und ging deshalb im Alter von 14 Jahren auf eine neue internationale Schule in Papuas Hauptstadt Jayapura

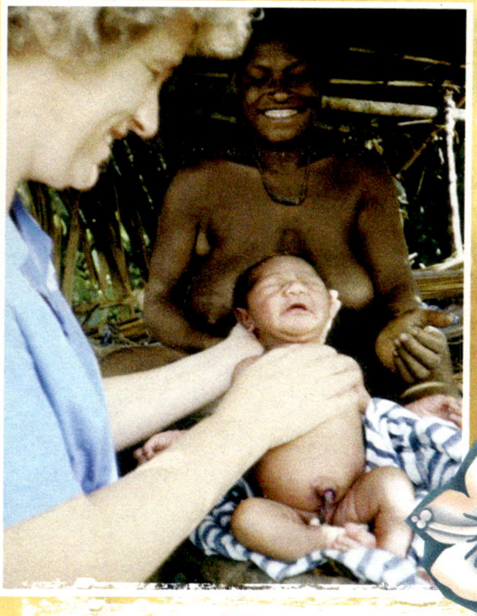

GEBURTSHILFE

Glücklich streichelt Sabines Mutter ein neugeborenes Fayu-Mädchen. Einen Namen erhielt es frühestens, wenn der erste Zahn kam. Das war so üblich, weil viele Säuglinge nicht einmal ein Jahr alt wurden

so toll aussah. Als die Fayu das sahen, kamen sie angerannt und zerstampften das Insekt – es war nämlich hochgiftig. Zugestoßen ist uns aber nie etwas, weil die Fayu uns auf Schritt und Tritt begleitet und beschützt haben.

Die Fayu leben in kleinen Pfahlhütten. Wie hat eure Familie gewohnt?

Mein Vater hatte für uns ein richtiges Holzhaus gebaut. Es hatte einen Schlafraum, einen Wohnraum mit Küche und eine richtige Toilette. Gespült wurde aber mit einem Eimer voll Flusswasser.

Euer Vater war bei den Fayu, um deren Sprache zu lernen. Ist euch Kindern das auch gelungen?

Ja, wir haben die Fayu-Sprache schnell gelernt. Und zwar so, dass wir auf Dinge gezeigt haben und die Fayu uns ihr Wort nannten. Wir haben es dann nachgesprochen. Neu war für uns aber, dass

STAMMESSITTEN

Beim Spiel mit den Kindern lernte Sabine die Regeln der Fayu kennen. Wollte etwa ein Krieger am Lagerfeuer essen, musste sie für ihn Platz machen. Läuse aber bekämpften die Kueglers auf ihre Art. Sie rieben sich den Kopf mit Benzin ein. Das brannte höllisch auf der Haut, tötete die Plagegeister aber sofort

FLEDERMÄUSE:

GEBRATEN EIN LECKERBISSEN

in der Fayu-Sprache die Tonlage, in der man ein Wort ausspricht, genauso wichtig ist wie das Wort selbst. Das Wort „Di" zum Beispiel kann dreierlei bedeuten: Spricht man es mit hoher Stimme, heißt es „Wasser", in der mittleren Tonlage „Messer" und mit tiefer Stimme „Wildschwein".

Auf vielen Fotos sieht man euch mit den Fayu am Lagerfeuer sitzen und essen. Was wurde da gebraten?

Außer gegrilltem Fleisch haben wir vor allem Brotfrüchte gegessen. Die sehen aus wie Melonen und werden ins Feuer gelegt, bis sie ganz schwarz sind. Dann haben wir sie zertreten und ihre Kerne gegessen. Die schmecken ähnlich wie Kartoffeln. Im Gegensatz zu den Fayu, die viele Tiere einfach roh essen, haben wir alles gekocht – bis auf Ameisen. Die waren zu klein. Unsere gebratenen Fledermausflügel zum Beispiel waren sehr gut.

Frühling, Sommer, Herbst und Winter gibt es im Regenwald nicht, dafür eine Regen- und Trockenzeit. Was habt ihr während der Regenzeit gemacht?

Die Regenzeit war für uns Kinder sehr, sehr langweilig. Wir hatten das Gefühl, es würde monatelang regnen, dabei waren es nur ein paar Wochen. Unsere zehn Bücher, die wir besaßen, hatten wir schon hundertmal gelesen, und meine Schwester begann, die Wände zu bemalen, weil sie kein Papier mehr hatte. Nein, diese Zeit haben wir nicht gemocht. Es war sehr kalt, die Fayu saßen in ihren Hütten, und unsere einzige Aufregung bestand darin, morgens aufzustehen und zu gucken, wie hoch der Fluss schon gestiegen war. Einmal reichte das Wasser bis fast unter den Boden unseres Hauses – da glaubten wir schon, wir müssten umziehen, aber dann ging das Wasser wieder zurück.

BLUTIGER ERNST

Als die Kueglers zu den Fayu zogen, lag der Stamm mit seinen Nachbarn im Krieg. Das Töten fand jedoch bald ein Ende, sodass niemand mehr Angst haben musste, wenn sich bewaffnete Männer dem Dorf näherten

WILDES LEBEN

Neugierig geworden auf die Sitten und Gebräuche eines Naturvolkes? In ihrem Buch »Dschungelkind« (Verlag Droemer-Knaur, 19,90 Euro) erzählt Sabine Kuegler ausführlich von ihren Abenteuern und Erfahrungen mit den Fayu in West-Papua

Von den Fayu habt ihr gelernt, im Urwald zu überleben. Musstet ihr daneben auch zur Schule?

Natürlich hatten wir Unterricht, aber ganz anders als Kinder, die in eine Schule gehen. Bei uns gab es keinen Lehrer, der uns erklärte, wie man eine Aufgabe löst. Wir mussten allein lernen. Jedes Mal, wenn wir zur Dschungelbasis fuhren, erhielten wir dort neue Aufgabenhefte und hatten dann bis zum nächsten Mal Zeit, sie durchzuarbeiten. Für alle Probleme mussten wir also selbst eine Lösung finden. Das war nicht immer leicht, weil oft auch unsere Mutter nicht weiterhelfen konnte. Dafür hatten wir nur drei Stunden pro Tag Schule, bis 12 Uhr. Danach durften wir draußen spielen. Das änderte sich, als ich 14 Jahre alt wurde. Da wurde in der Hauptstadt Jayapura eine internationale Schule eröffnet, die wir besucht haben. Von da an verbrachten wir nur noch unsere Ferien bei den Fayu. Das Dschungelleben hat mir während des Schuljahres aber sehr gefehlt. *Interview: Sina Löschke*

SPIELPLÄTZE

Am liebsten trieben sich Sabine und ihre Freunde am Flussufer herum. Es gab eine Sandbank, und manchmal trieb die Strömung entwurzelte Bäume an Land (ganz oben), als natürliches Klettergerüst

EINKAUFSFAHRT

Alle sechs Monate fuhren die Kueglers im Einbaum zur Dschungelbasis, um dort ihre zuvor per Funk bestellten Vorräte abzuholen. Manchmal brachte ihnen auch ein Hubschrauber Reis, Zucker und Konserven ins Fayu-Dorf

10% Rabatt!

- Für GEO-Abonnenten bei jedem Kalender!
- NEU: Für Besteller von mehr als einem Kalender auf den regulären Einzelpreis!

GEOlino-Kalender: Bären

Spätestens seit Winnie Puuh liebt sie jedes Kind: Bären! Dieser GEOlino-Kalender 2006 zeigt die eindrucksvollen Raubtiere von ihren schönsten Seiten: als tapsige Babys, liebevolle Eltern, energische Kämpfer, gewiefte Jäger oder friedliche Winterschläfer.

Format: 42 x 29,7 cm
Preis: € 14,90 / € [A] 15,40 / sFr 27.10
Best.-Nr.: G 573000

Sport, Spiel, Spaß –

Einfach bestellen: * 12 Cent / Min. in Deutschland / Mo.-Fr. 8-20 Uhr, Sa. 9-14 Uhr
Per Tel.* 0180 - 506 20 00, per Fax* 0180 - 508 20 00 oder E-Mail: Service@guj.com

Ihr Vorteil:
14 Tage Rückgaberecht

GEOlino-Reporterspiel

Wer schickt den GEOlino-Reporter am zielstrebigsten um den Erdball, wer ist der schlaueste Kopf in der Redaktions-Konferenz, wer gestaltet am Ende das interessanteste Heft? Beim „GEOlino-Reporterspiel" geht es nicht um Glück oder Bluff, es ist kein Quiz und kein Taktikspiel – sondern von allem etwas!

Preis: € 32,- / € [A] 32,90 / sFr 56.10
Best.-Nr.: G 580200

Wilde Gefährten

Von Kindern und ihren Tieren

Weshalb halten Mönche Tiger? Wie lässt man Adler jagen? Wo wird man Elefantenhüter? Warum bringen Schweine Glück? Antworten gibt ein neues GEOlino-Buch. „Wilde Gefährten" erzählt mit eindrucksvollen Bildern von der nicht immer einfachen Freundschaft zwischen Menschen und ihren Tieren. Ein Buch voller ebenso spannender wie verblüffender, komischer wie trauriger Geschichten aus aller Welt.

Format: 24,5 x 25,5 cm
80 Seiten, 84 Farbfotos
Preis: € 16,90 /
€ [A] 17,40 / sFr 29.-
Best.-Nr.: G 579100

für groß und klein! GEOlino

Sport und Spiel in aller Welt

Sie kicken, springen und tauchen, sie rennen, reiten und boxen, sie segeln, schwimmen und geben Gas: Das neue GEOlino-Buch „Sport und Spiel in aller Welt" zeigt Mädchen und Jungen, bei denen sich alles um den Spaß an der Bewegung dreht. Geschichten um Ehrgeiz, Teamgeist, Wettbewerb, hartes Training und große Träume – in gewohnt brillanter GEOlino-Optik.

Format: 24,5 x 25,5 cm
84 Seiten, 61 Farbfotos
Preis: € 16,90 / € [A] 17,40 / sFr 29.-
Best.-Nr.: G 561900

GEOShop
DAS BESTE VON GEO

Sehen Sie weitere Bilder im Internet • • • • • • • • • • • • www.geo-webshop.de

Der ganz normale Wahnsinn

TEXT: KATI DAMMER ILLUSTRATION: CHRISTIAN HÜCKSTÄDT

Schwünge durch die Baumkronen

Flügel? Haben sie nicht. Doch wenn sich Gibbons im südostasiatischen Regenwald durch die Wipfel schwingen, sind ihre Bewegungen so rasant, dass es aussieht, als würden sie fliegen. Zehn Meter und mehr schaffen die Affen mit einem Schwung. Ein Rekord! Diese Höchstleistung verdanken die Akrobaten ihren überlangen Armen, den vier langen Greiffingern an jeder Hand und einer Besonderheit ihres Daumens. Der ist durch ein so genanntes Kugelgelenk mit dem Handwurzelknochen verbunden. So können sie den Daumen in jede Richtung drehen! Der Finger ist dadurch viel beweglicher als ein menschlicher Daumen, den ein so genanntes Sattelgelenk hält und nur in zwei Richtungen beweglich macht – seitwärts oder vor- und rückwärts. Greifen, schwingen, zupacken und loslassen ist für die Baumsprinter ein Kinderspiel. Wir Menschen hätten uns dabei längst die Daumen gebrochen.

Gefunkel im Dunkel

An Zauberei müssen jene Menschen gedacht haben, die als Erste das Liebesspiel der Leuchtkäfer miterlebten. In den Mangrovenwäldern an Asiens Küsten versammeln sich unzählige Käfer-Männchen und zünden nachts ein wahres Feuerwerk. Zuerst blinken die unterschiedlichen „Glühwürmchen“ noch wild durcheinander. Wenig später aber steuern die Käfer einer Art einen Baum an. Sie stimmen ihre Locksignale aufeinander ab und flackern von da an in einem ganz eigenen Rhythmus. Der Wald gleicht dann einem Meer aus Weihnachtsbäumen, deren Lichterketten immerzu an- und ausgeschaltet werden. Wissenschaftler glauben, dass die Lichtzeichen den Weibchen helfen, leichter einen passenden Partner zu finden. Wirklich gelöst haben sie das Rätsel um die Funkel-Signale der Leuchtkäfer aber noch nicht.

Grüne Würger

Bis zu 90 Meter wachsen die Baumriesen des Regenwaldes in die Höhe. Angesichts solcher Größe ist es kaum zu fassen, dass sie einen Feind haben, der gerade einmal so groß wie eine Linse ist, sie aber trotzdem umbringt. Der Tod kommt nämlich in Gestalt eines Feigensamens. Landet solch ein Zwerg in der Astgabel eines Giganten, beginnt er zu keimen. Seine Wurzeln schlängeln sich an dem Wirtsbaum hinab und nehmen ihn in den Würgegriff, sobald sie den Erdboden erreicht haben. Je stärker die Feige wird, desto enger zieht sie sich um ihren Baum und raubt ihm Licht und Nährstoffe. Der Umschlungene stirbt, verfault und zerfällt. Was bleibt, ist das hohle, aber sehr stabile Feigengerüst. Es treibt Blätter, blüht und bildet süße Früchte, denen Affen, Elefanten und Vögel nicht widerstehen können.

Angsthasen mit scharfen Zähnen

Gefräßige Monster? Von wegen! Piranhas können richtige Angsthasen sein. Das haben schottische und brasilianische Wissenschaftler im Amazonas-Regenwald herausgefunden. Für die Tests hatten sie unterschiedlich viele Piranhas in Unterwasserkäfigen gehalten und immer wieder den Angriff eines Raubvogels vorgetäuscht. Das Ergebnis: Je mehr Fische in einem Käfig schwammen, desto schneller beruhigten sie sich nach der Attacke wieder. Tiere, die den Angriff allein durchstehen mussten, litten unter Dauerstress. Die Biologen zogen daraus den Schluss, dass sich Piranhas in der Nähe ihrer Artgenossen sicher fühlen. Angesichts eines Schwarms fällt es Räubern wie Kormoranen nämlich schwer, einen einzelnen Fisch herauszupicken. Wie für Menschen gilt also auch für Piranhas: Geteilte Angst ist halbe Angst!

So klar wie Quellwasser

„Abfall“ bleibt im Regenwald nicht lange liegen. Welke Blätter, tote Tiere oder umgestürzte Bäume – eben alles, was zu Boden fällt, wird dort in kürzester Zeit von Bakterien, Pilzen und Kleinstlebewesen zersetzt und dann als Nährstoff von den Pflanzen wieder aufgenommen. Wie gut dieses gigantische Reinigungssystem funktioniert, bewiesen Wissenschaftler mit einem Wassertest. Das Regenwasser, das sie oberhalb des Bodens auffingen, war dunkel wie Bier und enthielt jede Menge winziger Nährstoffe, die der Regen von den Blättern gewaschen hatte. Die zweite Probe aber, welche die Forscher unterhalb des dichten Wurzelgeflechts entnommen hatten, war klar wie Mineralwasser aus der Flasche. Die Moose, Bäume und Sträucher hatten im Kampf ums Überleben auch die letzten „Dreckspuren“ wieder aufgenommen.

Märchen vom Killerbaum

Wie Horrorgeschichten lesen sich die Berichte der Naturkundler, die vor etwa 300 Jahren als erste Europäer die Regenwälder Asiens erforschten. Der Botaniker Georg Eberhard Rumpf etwa schrieb über den Upas-Baum: „Der Baum ist so giftig, dass er die Luft um sich herum durch Ausdünstungen verpestet und Vögel, die auf seinen Ästen landen, tot zu Boden fallen." Eine plumpe Übertreibung! Doch wie kam es dazu? Vielleicht beeindruckte es den Gelehrten, dass die Urwaldvölker der Insel Java den Saft des Baumes als Pfeilgift benutzten. Heute weiß man, dass sowohl Rinde als auch Saft des Baumes Giftstoffe enthalten. Von tot herabstürzenden Vögeln aber haben Forscher nie wieder berichtet.

Untermieter als Tarnkleid

Schnelle Bewegungen macht ein Dreifingerfaultier praktisch nie. Dass es Feinden trotzdem selten zum Opfer fällt, liegt an einem einzigartigen Trick: Die Kletterer tarnen sich mit einem Kleid aus Algen. Die grünen Winzlinge setzen sich in dem oft vom Regen triefend nassen Fell der Faultiere fest – und weil die sich nicht putzen, vermehren sich die Untermieter ungestört. Die Folge: Das Fell der trägen Schmutzfinken schimmert grünlich und macht die Wipfelbewohner inmitten der vielen Blätter für Jaguare und große Greifvögel unsichtbar.

Bissige Leibwächter

Der Barteria-Baum zählt eher zu den Zwergen des westafrikanischen Regenwaldes. Trotzdem macht fast jeder Urwaldbewohner einen großen Bogen um ihn. In seinen hohlen Ästen leben nämlich bissige Wächter: Ameisen. Zu Hunderten stürzen sie sich auf jeden, der „ihrem" Baum an die Blätter will. Ob Raupe, Vogel oder Mensch – Eindringling bleibt Eindringling, der von den „Leibwächtern" mit schmerzhaften Bissen und Stichen vertrieben wird. Als Gegenleistung dürfen die Ameisen die Blätter und Rinde des Baumes nach Pilzen abgrasen und im Geäst ihre Brut aufziehen.

Schwere Kost

Den ungewöhnlichsten Ort zur Aufzucht seiner Jungen hat der australische Magenbrüterfrosch zu bieten. Wie der Name schon ahnen lässt, verschluckt das Weibchen nach der Paarung die befruchteten Eier, um sie vor Feinden zu schützen. Sind sie im Magen angelangt, stoppt der Körper die Verdauung. Würden Magen und Darm nämlich normal weiterarbeiten, wäre die Brut innerhalb weniger Stunden zersetzt. So aber heißt es: fasten! Sechs bis sieben Wochen lang darf das Weibchen nichts mehr fressen. In dieser Zeit wachsen aus den Eiern die kleinen Frösche heran – der Bauch der Mutter schwillt mächtig an. Am Ende findet der Nachwuchs so heraus, wie er hineingekommen ist: durch das Maul. Eine solch ungewöhnliche Geburt gab es zuletzt vermutlich vor etwa 20 Jahren. Seither gilt der Bewohner des australischen Regenwaldes als ausgestorben.

Forscher erzählen von ihren Abenteuern

Als das *Faultier* den Halt verlor...

Biologen und Tierfotografen kennen keine Scheu: Sie klettern in die höchsten Baumkronen, lauern im Dunkeln auf Fledermäuse oder rücken Krokodilen vorsichtig auf die Pelle. Manche Erlebnisse sind aber selbst ihnen unheimlich

UWE GEORGE

Angriff der Sechsbeiner-Armee

DAS RAUSCHEN kam aus der Tiefe des Amazonas-Regenwaldes. Es klang wie totes Laub, das vom Wind aufgewirbelt wird – dabei gibt es im Regenwald nie Wind am Boden, weil sich jeder Lufthauch im Kronendach verfängt. Von dem Geraschel aufgeschreckt, begannen die Indianer, die uns begleiteten, sofort alle Lebensmittel und losen Gegenstände in wasserdichte Kisten zu verstauen – gerade so, als wollten sie das Camp sturmfest machen. Sie forderten uns auf, in die Hängematten zu steigen. Am Rande des Camps begannen bereits die ersten Blätter, sich wie von selbst zu bewegen.

Erst jetzt erkannte ich, was dahintersteckte: Auf breiter Front hasteten unzählige kleine Schaben, Käfer, Wanzen, Spinnen, Skorpione und andere Gesellen über den Boden. Alles, was Beine hatte, irgendwie kriechen oder hüpfen konnte, war anscheinend auf der Flucht. Doch vor wem? Die Antwort quoll plötzlich wie ein schwarzer, schwerer Strom unter dem Laub hervor: Armee-Ameisen! Hunderttausende! Ein Meer aus gepanzerten Insektenleibern.

Wo Armee-Ameisen auftauchen, heißt es: Rette sich, wer kann! Denn diese Soldaten kennen kein Zurück. Sie dringen in die Bauten anderer Ameisen ein und liefern denen unterirdische Schlachten.

Laubenpieper: Um tropische Vögel aus der Nähe fotografieren zu können, baute sich GEO-Autor Uwe George auf der Insel Papua ein Versteck aus Baumfarnen

Sie überfallen Wespennester und greifen selbst Säugetiere und Menschen an, wenn die schwerfällig oder krank sind. Deshalb lassen die Indianer kleine Kinder, Alte und Kranke nie allein.

Während ich in der Hängematte schaukelte, begann unter mir das große Gemetzel. Durch mein Fernglas sah ich, wie sich Dutzende Soldaten auf einen Käfer stürzten. Mit ihren zangenförmigen Kiefern packten die Ameisen die Beine ihres Opfers und zerschnitten sie, ebenso die zarten Flügel. Stück für Stück zerlegten sie ihre Beute und transportierten diese ab in den Bau, wo die Königin und der Nachwuchs auf Nahrung warteten.

Nach etwa vier Stunden war der Feldzug beendet. Die Indianer kletterten aus den Hängematten und gaben Entwarnung. Wie sich erst hinterher herausstellte, hatte der Ameisenansturm auch seine gute Seite: Nirgendwo im Camp fanden wir einen jener Krabbler, die uns zuvor Tag und Nacht drangsaliert hatten.

GEO-Autor **Uwe George** hat unzählige Expeditionen in die Regenwälder dieser Welt unternommen. Der Überfall der Armee-Ameisen aber hat ihn wie kein anderes Erlebnis beeindruckt

MARGARET LOWMAN

Wie sammelt man Insektenkot?

DAS KRONENDACH des Regenwaldes wird von Wissenschaftlern „achter Kontinent“ genannt, um aufzuzeigen, wie unerforscht dieser Lebensraum noch ist. Und auf wie viele Fragen wir keine Antwort wissen. Zum Beispiel, wie viel von dem, was Insekten in den Wipfeln abfressen, am Ende als Kot auf dem Boden landet. Ihr lacht jetzt vielleicht, aber solche Informationen sind wichtig, um zu verstehen, auf welchem Weg die Nährstoffe im Regenwald wandern. Deshalb wollen meine Studenten und ich dieses Geheimnis lösen.

Doch wie sammelt man am besten, nun ja, Insektenkacke, fragte ich zu Beginn. Die kleinen Häufchen sehen aus wie alle anderen Krümel, die zum Waldboden rieseln. Die Studenten begannen zu experimentieren. Zuerst legten sie Folie auf dem Boden aus. Darauf fielen aber so viele Blätter, Zweige und Bröckchen, dass wir den Insektenabfall nicht mehr vom Rest unterscheiden konnten.

Die zweite Idee erschien mir raffinierter: Wir hängten Plastikschalen unter frische Blätter – in der Hoffnung, so Insektenkot einzufangen. Pflanzenfresser lieben nämlich frisches Grün. Weil es weicher ist, noch nicht so viele Giftstoffe wie ältere Blätter speichert und deshalb nicht so bitter schmeckt.

Nach einer Woche kontrollierten wir die Bäume und mussten feststellen: Der Versuch war ein Reinfall! Sowohl die Schalen als auch ihr Inhalt waren in einem der heftigen Regengüsse verloren gegangen. Doch wir geben nicht auf. Meine Studenten sitzen schon wieder über ihren Zeichenblöcken und grübeln, wie ein Werkzeug aussehen müsste, das Insektenkot sicher auffängt. Habt ihr eine Idee?

Margaret Lowman gehörte zu den ersten Biologen, die sich in die Wipfelzone wagten. Die Professorin am New College in Florida/USA hat Plattformen und Netze für die Baumkronenforschung entwickelt

JOSEF REICHHOLF

Die Vogel-Tankstelle

ZUERST HÖRTE ICH das Brummen. Dann schwirrte etwas vor mir durch die Luft und schien mich zu betrachten. Ein Kolibri! Zum Greifen nah! Nur stand der kleine Vogel keine Sekunde still. Er schwebte auf und ab, vor- und rückwärts. Was macht ein Kolibri im feuchten Bergwald des südbrasilianischen Küstengebirges, fragte ich mich. Warum ist er nicht zur Küste geflogen, wo in den Gärten Blumen blühen? Da tauchten weitere Kolibris auf.

Ich beobachtete die Vögel und sah, wie einer von ihnen an einem Stamm auf- und abflog, als würde er einen Fahrstuhl nachahmen. Wie auf Kommando machten seine Artgenossen mit. Also beschloss ich, die Bäume genauer zu untersuchen.

Bald stellte ich fest: Aus der Rinde ragten haarfeine Röhrchen, an deren Spitze sich ein Tröpfchen bildete. Diese Tröpfchen leckten die Kolibris ab. Als ich probierte, schmeckte die Flüssigkeit süß wie Blütennektar, die Hauptnahrung der Kolibris. Des Rätsels Lösung aber steckte unter der Rinde: Schildläuse.

Diese kleinen Schädlinge entziehen dem Baum Zuckersaft. Er enthält zwar viel Zucker, aber wenig Eiweiß. Deshalb müssen die Läuse viel Saft saugen, um die nötige Portion Eiweiß herauszufiltern. Die überschüssige Flüssigkeit geben sie durch ein Wachsröhrchen wieder ab.

Zur Freude der Kolibris! Denn Zuckersaft ist „Benzin“ für ihren Motor: Die Winzlinge sind die Ferraris unter den Kleinvögeln und brauchen zehnmal so viel Kraft wie ein Spatz! Ich hatte ihre Wald-Tankstelle entdeckt.

Kolibris haben es **Josef Reichholf** schon während seines Biologiestudiums angetan. Warum, so fragt sich der Professor, haben diese Vögel eine Flugtechnik entwickelt, die so viel Energie kostet?

Verschiedene Orchideenarten haben sich in der Astgabel angesiedelt. Wie sie in den Wipfeln überleben, hat Steffen Schultz untersucht

STEFFEN SCHULTZ

Vergessen im Wald

WIPFELFORSCHER bekommen viel Besuch. Kollegen, Freunde, Journalisten – alle wollen einmal mit in die Gondel steigen und sich vom Kran in das Dachgeschoss des Regenwaldes hieven lassen. 30 bis 70 Meter über dem Boden blühen Orchideen auf kleinen Ästen, Faultiere sonnen sich, und bunte Vögel hüpfen von Baum zu Baum. Ein atemraubender Anblick. Eines Tages kam ein Fotograf und wollte Aufnahmen machen: nicht von der Gondel aus, sondern mit der Gondel im Bild. „Kein Problem", sagte ich. „Wir setzen dich auf einer Astgabel ab. Von dort kannst du den ganzen Tag lang fotografieren." So geschah es. Bevor ich mit der Gondel entschwebte, rief er noch, ich solle einfach so weiterarbeiten, als sei er gar nicht da.

Das habe ich auch gemacht: stundenlang Blätter vermessen und aufgeschrieben, was in den Wipfeln des Panama-Urwaldes wächst und blüht. Bis sich der Himmel verdunkelte und ein leises Grummeln ein gewaltiges Gewitter ankündigte. In solchen Momenten muss man sofort runter vom Baum. Der Kranführer der Gondel und ich schafften es gerade noch so trockenen Fußes zum Auto und waren froh, den Heimweg antreten zu können. Draußen tobte ein fürchterliches Gewitter. Es war stockdunkel, blitzte alle paar Sekunden und regnete so heftig, dass wir kaum den Waldweg sahen. Nach etwa einer Stunde Fahrt sagte der Kranführer: „Na, der komische Kauz im Baum hat wohl ein paar bewegte Stunden." Da fiel mir der Fotograf ein. Ich hatte ihn vergessen!

Natürlich kehrten wir sofort um. Als wir am Baum ankamen, strahlte die Sonne schon wieder. Der Fotograf dagegen war ganz grün im Gesicht. „Puh, was für ein Erlebnis", sagte er, triefend nass. „Morgen fotografiere ich Ameisen. Die leben am Boden."

Zweieinhalb Jahre lang hat **Steffen Schultz** in Panama mit Flechten experimentiert und Pflanzen erforscht. Jetzt arbeitet er als Naturschützer in Südaustralien und hilft dort, verschiedene Schutzgebiete miteinander zu verbinden

Dank seiner langen Krallen hängt ein Dreifingerfaultier wie angewachsen an einem Ast. Abstürze sind sehr selten

SABINE SPEHN

Die Bombe aus dem Baumwipfel

FLEDERMÄUSE sind Sprinter der Lüfte. Sie fliegen so schnell, dass es für einen Menschen unmöglich ist, ihren Weg mit den Augen zu verfolgen. Besonders, wenn sie im dichten Regenwald auf Barro Colorado Island leben, wo ich meine Fledermausforschung betrieben habe. Allerdings gibt es Tricks: Wir fangen die Fledermäuse mit dünnen Netzen ein und befestigen auf ihrem Rücken winzige Sender, die Signale abgeben. Diese kann man mit einer großen Antenne empfangen und so den Ort des Tieres bestimmen.

Eines Nachts war ich wieder dabei, im matten Schein meiner Stirnlampe einer Fledermaus mit Sender hinterherzuhasten. Seit über einer Stunde schien sie zu schlafen, denn der Sender bewegte sich nicht vom Fleck. Ich richtete meine Antenne in den Wald und lauschte dem eintönigen „Piep, piep!" des Peilgerätes.

Plötzlich knackte es über mir laut in der Baumkrone – gefolgt von Blätterrauschen. Blitzschnell war ich hellwach und sprungbereit. Da kippt ein Baum um, schoss es mir durch den Kopf. Fallende Baumriesen reißen oft große Schneisen in den Wald, weil sie Nachbarbäume mitreißen, die durch Lianen mit ihnen verbunden sind. Von solch einer umstürzenden Wand wollte ich auf keinen Fall getroffen werden!

Ich hatte diesen Satz noch nicht ganz zu Ende gedacht, da sah ich, was wirklich von oben herabrauschte: Zwei Meter vor mir plumpste ein Faultier auf den Boden! Zum Glück war der Untergrund mit einer dichten Laubschicht gut gepolstert, sodass der Unglücksrabe weich fiel. Entsetzt und überrascht starrten wir uns beide sekundenlang mit weit aufgerissenen Augen an. Bis es dem Faultier zu viel wurde. Es drehte sich um und verschwand mit erstaunlich schnellen Klettergriffen wieder in der Baumkrone. Wäre ich vom Schock nicht so wach gewesen, hätte ich gedacht, ich träume – ein fast affenschnelles Faultier! Normalerweise brauchen die Tiere über eine Minute, um ein Bein vor das andere zu setzen.

Die Biologin **Sabine Spehn** erforschte zwei Jahre lang auf einer Insel im Gatún-See in Panama das Verhalten zweier Fledermausarten und schrieb zu diesem Thema ihre Doktorarbeit

CHRISTIAN ZIEGLER

Würmer im Kopf

Wenn solch ein Moskito zusticht, kann er die Eier der Dasselfliege übertragen. Die wachsen dann unter der Haut des Gestochenen heran

REGENWÄLDER haben mich schon immer fasziniert, zuerst als Fotos in den Bildbänden meiner Eltern. Später, während meines Biologiestudiums, sah ich alles mit eigenen Augen: die Nebelwälder voller Riesengewächse mit Blättern, die groß genug sind, um aus einem einzigen ein Zelt zu bauen. Hundertschaften fremdartig schöner Insekten. Und Tiere, die Fabelwesen gleichen. Bald stand fest: Ich wollte diese Wunder nicht erforschen, sondern fotografieren.

Welch eigenartige Schwierigkeiten aber das Fotografieren im Regenwald mit sich bringen würde, habe ich nicht geahnt. Zum Beispiel, wie schnell man Teil der Nahrungskette wird: Blutsauger verschiedenster Art gibt es, für die ein Fotograf einfach nur ein großer Haufen Futter ist. Moskitos etwa fliegen ihre Angriffe zu jeder Tages- und Nachtzeit. Ihre Stiche sind heimtückisch, denn oft übertragen Moskitos Krankheiten wie tropisches Fieber oder – wie in meinem Fall – die Eier der Dasselfliegen. Ja, Fliegeneier! Die Weibchen legen sie auf den Moskitos ab. Durchbohren diese dann die Haut eines Menschen oder eines Säugetieres, fallen die Eier ab und gelangen durch die Stichwunde in den Körper des Opfers. Dort entwickeln sie sich zu Maden.

Als ich das Unglück bemerkte, war es schon zu spät. Zwei Würmer steckten unter meiner Kopfhaut! Ein ekelerregendes Gefühl, dem ich so schnell wie möglich ein Ende bereiten musste. Zuerst versuchte ich den in Mittel- und Südamerika bekannten Specktrick. Dazu bindet man sich Speck auf die Wunde und hofft, dass die Maden dort hineinkriechen. Vergebens, meine inzwischen zwei Zentimeter langen Untermieter rührten sich nicht. Was nun? In meiner Panik griff ich zu Vaseline, einem Fett, mit dem ich die Wunde immer wieder einschmierte. Das war wohl zu viel für die zwei Eindringlinge. Als ein Arzt sie wenig später herauszog, waren beide tot. Erstickt in der fetten Vaseline.

Christian Ziegler fotografiert seit acht Jahren in den Regenwäldern Lateinamerikas und rückt seinen Motiven häufig dicht auf die Pelle. Einem Krokodil gefiel die Aufdringlichkeit nicht. Es schnappte sich die ferngesteuerte Kamera und verschwand damit im Fluss

Giganten auf der Spur

Afrikanische Waldelefanten verstecken sich meist in den Tiefen der Urwälder. Um trotzdem mehr über die »Phantome« zu erfahren, haben Forscher manche der Tiere mit Sendern ausgerüstet – und staunen darüber, wie weit die Riesen wandern, wie sie sich verständigen oder ihre Kinder schützen

TEXT: SINA LÖSCHKE

Begleitet von einer Schar hungriger Kuhreiher, pflügt ein Waldelefant durch die Sümpfe des Loango-Nationalparks in Gabun. Die Vögel haben es auf Frösche, Fliegen und anderes Getier abgesehen, das von dem Koloss aufgeschreckt wird

Der Pfeil trifft Spikey genau ins Hinterteil. Erschrocken fährt die Elefantenkuh zusammen. Was war das denn? Sie schafft es gerade noch, ihr Kalb von der Lichtung ins schützende Gestrüpp zu führen. Dort aber gehorchen ihr die Beine nicht mehr. Das Betäubungsmittel im Pfeil wirkt. Langsam knickt der graue Koloss ein, fällt auf die Seite und schläft ein.

Auf diesen Moment haben die Schützen aus dem Hinterhalt nur gewartet. In Windeseile kommen der Biologe Stephen Blake und sein Team aus ihrem Versteck. Sie überprüfen die Atmung der Kuh, entnehmen ihr ein paar Tropfen Blut und schnüren ihr ein Lederband mit einem Sender um den Hals. Von nun an wird Spikey den Forschern unfreiwillig dabei helfen, einem der großen Geheimnisse des zentralafrikanischen Dschungels auf die Spur zu kommen: den Wanderungen der Waldelefanten.

„Phantome des Regenwaldes" nennt Stephen Blake Spikey und ihre Artgenossen, weil man bis heute wenig über die scheuen Dickhäuter weiß. Ihre größeren Verwandten,

Meterhoch spritzt das Wasser, als dieser graue Waldriese übermütig in die Tränke rennt. Gut zu erkennen: seine Stoßzähne. Sie sind viel dünner, gerader und härter als die der Savannenelefanten

Die Waldelefanten verlassen regelmäßig das Dickicht, um sich auf großen, morastigen Lichtungen zu versammeln. Das salzhaltige Wasser aus den Schlammlöchern wirkt wie ein Gesundheitsdrink. Außerdem treffen die Kleinen dort immer jede Menge Spielkameraden zum Herumtollen

die Elefanten der Savanne, machen es den Forschern leichter: In den baumarmen Ebenen genügen den Wissenschaftlern Hubschrauber oder Jeeps, um die Schwergewichte aus der Ferne zu beobachten.

Waldelefanten dagegen bleiben fast unsichtbar. Sie tauchen ab in ein Meer aus Grün, Morast, Hitze und Schweißbienen. Jeder Verfolger gibt hier nach kurzer Zeit auf. Meist reicht der Blick gerade einmal drei bis vier Meter tief ins Unterholz. Was weiter weg geschieht, bleibt verborgen. Bis auf ein wirres Konzert aus Geraschel, Gekreische, Gezirpe und dumpfen Grummeltönen – der Sprache der Elefanten.

Wie ferne Urwaldtrommeln klingt ihr Gebrumm, wenn man die für uns Menschen nicht hörbaren Laute mit einem Spezialgerät aufzeichnet. Mithilfe dieser tiefen Töne verständigen sich die Waldkolosse, die meist in Gruppen von zwei bis neun Tieren umherziehen, auch über mehrere Kilometer hinweg. Mal ruft ein liebestoller Elefantenbulle nach einer Kuh. Ein andermal verraten die Fruchtfresser einander, welcher Baum gerade Brechnüsse abwirft. Das Erstaunlichste aber: Die Elefanten nehmen

Misstrauisch schauen die Gorillas den großen Grauen entgegen. Einen Angriff würden die Affen nie wagen. Im Wald leben keine Tiere, die den Elefanten gefährlich werden könnten. Kälber, die ihre Mutter verloren haben, überleben deshalb viel eher, als es in der Savanne der Fall wäre

die gegrummelten Nachrichten zuerst mit den Füßen und dann mit den Ohren wahr. Der Grund ist einfach: Das Dickicht des Regenwaldes bremst die Schallwellen, die sich durch die Luft verbreiten. Im Boden scheinen die Vibrationen freie Bahn zu haben und gelangen so viel schneller ans Ziel.

Agentin Spikey hat sich inzwischen wieder aufgerappelt. Leicht benommen macht sie sich mit ihrem Kalb zu einer neuen Lichtung auf. Der Weg dorthin kann 100 Kilometer und mehr betragen, wie Stephen Blake in den nächsten Monaten mithilfe der Funksignale von Spikeys Sender herausfindet. Jeden Ausflug der beiden zeichnet der Forscher in eine Karte ein und stellt fest: Die Kuh durchquert nicht nur den Dzanga-Nationalpark im Süden der Zentralafrikanischen Republik. Sie verlässt auf der Suche nach Futter sogar ihr Schutzgebiet.

Orientierungslos ist sie dabei nie. Die Kuh folgt einem Netz aus Trampelpfaden, die von einem Futterplatz zum nächsten führen. Unterwegs lässt Spikey hier und da einen Haufen Dung fallen. Der enthält die Samen von bis zu

Scheue Riesen: Waldelefanten verlassen nur ungern ihre Deckung. Deshalb sind solche Dschungelaufnahmen selten. Und doch ist es Forschern gelungen, die Dickhäuter bei ihrer ungewöhnlichen Futtersuche zu beobachten. Knurrt der Magen, rammen sie manchmal einen Fruchtbaum so lange, bis seine Leckerbissen herabfallen

80 verschiedenen Urwaldbäumen, die dank der Vielfraße überall im Regenwald verteilt werden. Kein Wunder, dass am Rand der Elefantenwege ein Fruchtbaum neben dem anderen wächst.

Aber auch Spikey braucht mal eine Pause. Die gönnt sie sich regelmäßig am wohl faszinierendsten Ort des afrikanischen Regenwaldes: auf der Elefanten-Lichtung Dzanga Bai. Die Wiese mit ihren schlammigen Wasserlöchern ist kaum größer als 20 Fußballfelder. Trotzdem wagen sich hier an manchen Tagen mehr als 100 der Urwaldriesen aus dem schützenden Dickicht. Es ist vor allem ihr Appetit auf Salz, der sie jede Scheu vergessen lässt.

Das „weiße Gold" lagert im Erdboden. Doch Spikey und die anderen Dickhäuter haben einen Weg gefunden, wie sie an den Nährstoff gelangen, ohne schaufelweise Sand zwischen die Zähne zu bekommen: Sie mixen sich einen Gesundheitsdrink. Dazu stecken sie ihre Rüssel in die Wasserlöcher und blubbern so lange darin herum, bis sich der salzhaltige Schlamm am Grund der Tränke aufgelöst hat. Ein Schluck von der braunen Brühe beruhigt den Magen und gibt neue Kraft.

Spikey schlürft ihren Salztrunk am liebsten nachts. Dann nämlich verwandelt sich die Bai in eine große Spielwiese. Aus allen Richtungen trotten Elefanten heran. Sie trompeten einander zur Begrüßung laut zu und lassen die Ohren flattern. Kälber balgen sich übermütig im Morast. Die Mütter lassen ihre Sprösslinge dabei jedoch nie unbeobachtet – aus gutem Grund: Schon häufig haben Kühe versucht, das Junge einer anderen zu entführen oder zu verletzen!

Schreit so ein Winzling um Hilfe, stürmen auf der Stelle seine Mutter, Schwestern und Tanten herbei und bilden einen Schutzwall um den Kleinen. Ebenso aufopferungsvoll kümmern sie sich um ihre Kranken. Als eines Tages ein Kalb auf der Lichtung zusammenbricht, versuchen die anderen, ihm mit ihren Rüsseln wieder auf die Beine zu helfen. Doch alle Mühe ist vergebens. Das Jungtier ist gestorben. Die niedergeschlagenen Blicke der Verwandten zeigen, wie die ganze Elefantenfamilie um den Kleinen trauert.

Spikey sind solche Erlebnisse zum Glück erspart geblieben.

Im Morgennebel überquert ein Elefant die Dzangha Bai im Dschungel der Zentralafrikanischen Republik. Die Lichtung wird von fast 3000 Waldelefanten aufgesucht, weshalb Wissenschaftler hier seit Jahren die bis zu 2500 Kilogramm schweren Kolosse beobachten

Es scheint, als würde der dunklere Elefant bei der Balgerei mit seinem Freund grinsen. Solche Gefühlsäußerungen glauben Biologen häufig zu beobachten. Elefanten, so meinen sie, empfänden Freude oder Trauer ähnlich wie wir Menschen

Rund 18 Monate lang hat sie Stephen Blake per Funksender mit in den Regenwald genommen und ihm viel über die Streifzüge der Waldelefanten verraten. Ein privates Geheimnis aber hat sie den Wissenschaftlern erst preisgegeben, als es von selbst auf vier Beinen stehen und über die Lichtung toben konnte: Spikeys Kalb Nummer zwei!

Mit Dynamit, Baggern und Hacken trieben die Arbeiter den Kanal voran und räumten selbst Bergketten aus dem Weg. Die »Canal Commission« kassierte später die Durchfahrtsgebühr

DURCH DIE HÖLLE

Am Ende wusste niemand mehr, wie viele Arbeiter gestorben waren. Zehntausende müssen es gewesen sein, die in der »Hölle von Panama« umkamen. Jenem Flecken Land, auf dem vor über 100 Jahren das waghalsigste Bauprojekt der Welt entstand: ein Kanal für Ozeanriesen, vom Atlantik zum Pazifik – mitten durch den Dschungel

TEXT: INA ROMETSCH

Diesen Ausblick wollen die Touristen auf keinen Fall verpassen. Sie eilen an Deck der „Coral Princess". Das Meer schimmert türkisfarben, am nahen Ufer wiegen sich Palmen im Wind. Doch die Passagiere an der Reling des Kreuzfahrtschiffes interessieren sich nicht für Strand und Ozean. Alle blicken nur in Fahrtrichtung, denn der 294 Meter lange und 32,2 Meter breite Riese steuert auf eine bedrohlich enge Schleuse zu, auf den Eingang des Panamakanals.

Für einen Moment halten alle die Luft an – und atmen erleichtert durch, als das viele tausend Tonnen schwere Schiff, ohne anzustoßen, in die Schleuse gleitet. Gerade einmal 60 Zentimeter trennen den mächtigen Rumpf an beiden Seiten von den Schleusenwänden! Und genau das haben die Schiffsbauer gewollt: Die „Coral Princess" gehört zur „Panamax-Klasse", je-

Ein Frachter durchquert den »Gaillard Cut«, die engste Stelle des Kanals. Die Schneise durch das Gebirge wurde später verbreitert, sodass in der Fahrrinne nun zwei Schiffe nebeneinander Platz haben

Der amerikanische Kontinent verengt sich in Panama zu einem 60 Kilometer breiten Landstreifen (weißes Rechteck). Keine Stelle war besser geeignet für die neue Durchfahrt: Den Kanal im Detail zeigt unsere Karte auf Seite 69

Vor dem Ausbau in den 1970er Jahren war der Kanal von den Pazifik-Schleusen bis zum Gatún-See jeweils nur in einer Richtung befahrbar: vormittags hin, nachmittags zurück

Die Schleusenbecken sind so tief, dass ein sechsstöckiges Haus hineinpassen würde. Die beeindruckenden Maße: Jede Kammer ist 304,80 Meter lang und 33,53 Meter breit

Große Kräne halfen im Jahr 1910 beim Bau der Pedro-Miguel-Schleuse. Sie gehört zum Eingangstor für Schiffe, die vom Pazifik zum Atlantik wollen

Nach 15 Jahren Pause am Bau übernahmen 1904 die Amerikaner das Projekt. Die Schuttwaggons, die in der Baustelle stehen, gehörten ihren Vorgängern

Wie ein Rennpferd in der Startbox wartet dieses Kreuzfahrtschiff auf das Öffnen der Schleusentore. Links und rechts ziehen Elektroloks das Schiff von Becken zu Becken

nen Schiffen, deren Größe gerade noch die Fahrt durch die wohl bekannteste künstliche Wasserstraße der Welt erlaubt.

Der berühmte Kanal, der den Pazifik mit dem Atlantik verbindet, hat eine dramatische Geschichte. Wo heute Ozeanriesen quer durch Panama fahren, versperrte noch vor mehr als 100 Jahren ein schroffes Gebirge den Weg. Sümpfe, Regenwald und ein reißender Fluss machten schon einen Fußmarsch zur Qual. Wegen der brütenden Hitze, Stechmücken und Feuchtigkeit galt die Region als die „Hölle von Panama". Und doch wagten französische Ingenieure das damals Unglaubliche: Sie begannen mit dem Ausheben eines Kanals! Mitten durch Dschungel, Felsen und Morast. Ihr Ziel war es, eine Abkürzung zu erschaffen – den 80 Kilometer langen Wasserweg von der Stadt Colón am Karibischen Meer nach Panama City am Pazifik.

Wer Panama auf der Karte anschaut, versteht den Grund: Wenn ein Schiff heute die Landenge durchquert, braucht es im Kanal dafür acht bis zehn Stunden. Ohne diese Verbindung müsste es einen 13 000 Kilometer langen Umweg um die Südspitze Amerikas nehmen. Fahrtzeit: 22 Tage! Vor einem Jahrhundert konnte so etwas Monate dauern, von den Kosten und den Gefahren durch die raue See gar nicht erst zu reden.

Um den Schifffahrern das zu ersparen, rückten im Jahr 1881 französische Baumeister mit Äxten und Dynamit in Panama an. Doch was als Triumph der Technik geplant war, endete katastrophal. Die Franzosen hatten die Tücken des Urwalds unterschätzt. Von

Haben die Schiffe den Kanal durchquert, werden sie von der Gatún-Schleuse in den 26 Meter tiefer liegenden Atlantik abgelassen. Diese »Treppe« funktioniert so: Ist ein Frachter in die erste der drei Kammern (1) eingefahren, schließt sich das Eingangstor (2). Aus dem Becken fließt nun so viel Wasser ab, dass das Schiff auf die Höhe des zweiten Beckens (3) sinkt. Dessen Pforte (4) öffnet sich, der Frachter gleitet hinein, und die Prozedur beginnt aufs neue

den abgeholzten Berghängen rutschten immer wieder Erdmassen ab und verschütteten binnen weniger Minuten die Arbeit von Monaten. Außerdem trat in der Regenzeit der Rio Chagres ständig über seine Ufer, und das Hochwasser riss Teile des halbfertigen Kanals ein.

Die Arbeiter aus Jamaika, Kolumbien oder Kuba mussten unter fürchterlichen Bedingungen schuften. Mehr als 20 000 von ihnen starben an Gelbfieber und Malaria, ohne dass die Ärzte etwas tun konnten. Sie wussten damals noch nicht, dass es keine bösen Geister waren, sondern Moskitos, die das Unheil verbreiteten.

Wer von Krankheiten verschont blieb, kämpfte mit Hitze und Schwüle. Acht Monate pro Jahr herrscht in Panama Regenzeit. Die Luft ist so feucht, dass die Schuhe und Gürtel der Arbeiter vermoderten! Die Kleidung klebte nass am Körper. Bei der Arbeit standen die Männer oft knietief im Matsch. Ein vorläufiges Ende hatte die Plackerei erst 1889: Da waren die Bauherren pleite.

Doch der Traum vom Kanal lebte weiter. Im Jahr 1904 schickte die US-amerikanische Regierung Experten nach Panama, die den Bau wieder aufnahmen. Die Fachleute hatten aus den Fehlern ihrer Vorgänger gelernt. Um die Arbeiter vor den Moskitos zu schüt-

So gigantisch wie die Schleusenkammern waren auch die Geldsummen, die in das bis dahin größte Bauwerk der Welt gesteckt wurden: rund 387 Millionen US-Dollar, für den damaligen Geldwert unfassbar teuer

Die Schleusenkammern sind so lang, dass diese Kreuzfahrtschiffe zu zweit in ein Becken passen. Gut zu sehen: die Elektroloks, von denen die Schiffe in die Schleuse gezogen werden

Rund 80 Kilometer lang ist der Panamakanal. Eine Fahrt von der Gatún-Schleuse durch den See bis zum Pazifischen Ozean dauert etwa acht bis zehn Stunden

Am 15. August 1914 eröffnete der Dampfer »Ancon« die Wasserstraße durch den Dschungel. Bis zu 35 Schiffe täglich nehmen heutzutage den Kanal. Der Umweg um die Südspitze Amerikas wäre 13 000 Kilometer lang

zen, wurden allein in einem Jahr 120 Tonnen Insektengift versprüht. Und manchmal brachte ein Geistesblitz Fortschritt: Statt sich qualvoll durch Sümpfe und Felsen zu graben, wurden viele Hindernisse einfach versenkt – indem man den widerspenstigen Fluss Chagres zu einem riesigen See anstaute.

Einen Haken hatte der Plan allerdings: Die Oberfläche dieses Sees liegt 26 Meter über dem Meeresspiegel. Um die Schiffe vom Meer auf diese Höhe zu hieven und anschließend wieder hinabzulassen, mussten Schleusen her. Und zwar gigantisch große: Jedes der insgesamt zwölf Schleusenbecken ist 305 Meter lang und so tief, dass ein sechsstöckiges Haus darin verschwinden könnte! Jeweils drei Schleusen folgen aufeinander wie Treppenstufen.

Will ein Schiff den Kanal durchqueren, lässt es sich am Eingang von kleinen Elektroloks ins erste Schleusenbecken ziehen. Dann schließt sich das Tor hinter dem Schiff, und durch eine Leitung schießt Wasser aus dem See ins Becken. Der Wasserspiegel steigt und mit ihm das Schiff. Bald ist die erste Treppenstufe geschafft. Jetzt öffnet sich vorn das Tor zum zweiten Becken. Das Schiff gleitet hinein, und das Spiel beginnt von vorn.

Als im August 1914 der erste Frachter durch den Kanal dampfte, glaubten die US-Amerikaner noch, der Wasserweg gehöre nun „auf ewig" ihnen. Genau so stand es ja im Vertrag, den die USA mit der Regierung Panamas geschlossen hatten. Den Einheimischen aber passte das gar nicht. Im Jahr 1964 gab es sogar Straßenkämpfe, bei denen 27 Menschen starben. Um den Streit zu beenden, versprach US-Präsident Jimmy Carter im Jahr 1977, Panama den Kanal zu überlassen. Seit 2000 gehört er nun dem mittelamerikanischen Land.

Am Gedränge auf der Strecke hat sich aber nichts geändert. Bis zu 35 Schiffe täglich befahren heute die Wasserstraße. Damit keines im Stau stehen muss, wurde der Fahrweg immer wieder verbreitert. Jetzt können selbst an der engsten Stelle zwei Containerschiffe nebeneinander durchs Wasser pflügen.

Für Panama ist der Kanal wie eine Goldgrube: Mehr als eine Milliarde Dollar an Gebühren hat die Verwaltung im Jahr 2004 eingenommen. Denn jedes Schiff muss für die Durchfahrt eine Maut zahlen. Durchschnittlich 57 000 Dollar (umgerechnet rund 47 000 Euro) kostet der Passierschein. Und je mehr Frachtraum ein Schiff hat, desto teurer wird er. Besonders kostspielig ist die Passage für die „Coral Princess". Das Kreuzfahrtschiff hält den Rekord für die höchste Maut: 226 194 Dollar (umgerechnet rund 186 000 Euro) muss der Kapitän berappen. Bei dieser Summe fragt er sich vielleicht manchmal, ob er nicht lieber den weiten Umweg nehmen sollte.

TEXT: INA ROMETSCH
FOTOS: PATRICIO ESTAY

Messen, wiegen, zählen:
Natur unter

In den Wäldern COSTA RICAS wimmelt es von unbekannten Tieren und Pflanzen. Ein FORSCHERTEAM will herausfinden, wie viele ARTEN es genau sind, und hat eine der größten Sammlungen der Welt angelegt. Im INTERNET kann sie sich jeder anschauen

Wer Nelson Zamora in seinem Büro besucht, findet selten einen freien Platz. Auf jedem Stuhl, jedem Tisch stapeln sich weiße Pappen, auf denen getrocknete Blätter kleben. Wer nicht weiß, was es damit auf sich hat, könnte die Stapel für ein wertloses Sammelsurium halten. Für den Pflanzenexperten Nelson Zamora aber ist jede einzelne Pappe wie ein Puzzle-Teil zu einem Bild, dessen Größe er bisher nur erahnen kann.

Über 500 000 Teile könnten es am Ende sein, aus denen sich das „Puzzle des Lebens" zusammensetzt. So viele verschiedene Tier- und Pflanzenarten soll es in Costa Ricas Regenwäldern geben. Das kleine Land in Mittelamerika gehört damit zu den artenreichsten der Welt. Ob die Riesenzahl aber stimmt und was alles im Dschungel „kreucht und fleucht", wollen Nelson Zamora und die 180 Forscher vom „Institut für Artenvielfalt", allgemein nur INBio abgekürzt, herausfinden. Eine Mammut-Aufgabe! Denn bevor die Wissenschaftler mit dem Puzzeln beginnen können, müssen sie Tausende Tiere und Pflanzen erst einmal aufspüren.

Diese Detektivarbeit übernehmen Suchtrupps, die das Land ständig durchkämmen. Die einen waten früh am Morgen durch den Mangrovenwald und pulen Muscheln und Wasserschnecken aus dem Schlamm. Andere beleuchten nachts im Regenwald weiße Fangschirme, die in wenigen Minuten Hunderte Falter, Käfer und Moskitos anlocken. Zamoras Team wiederum kümmert sich um alles, was Wurzeln hat. Ob

ES WIRD ENG im Büro des Botanikers Nelson Zamora. Überall stapeln sich Pappen mit Pflanzenproben, die Mitarbeiter gesammelt, gepresst und getrocknet haben. Die Fundstücke muss er nun genau bestimmen

IN REIH UND GLIED sortiert, werden die Käfer in dunklen Schubladen aufbewahrt. So verhindert das INBio-Team, dass ihre Farben verblassen. Jedes Insekt ist mit einer Nadel an seinem Platz aufgespießt

der Lupe

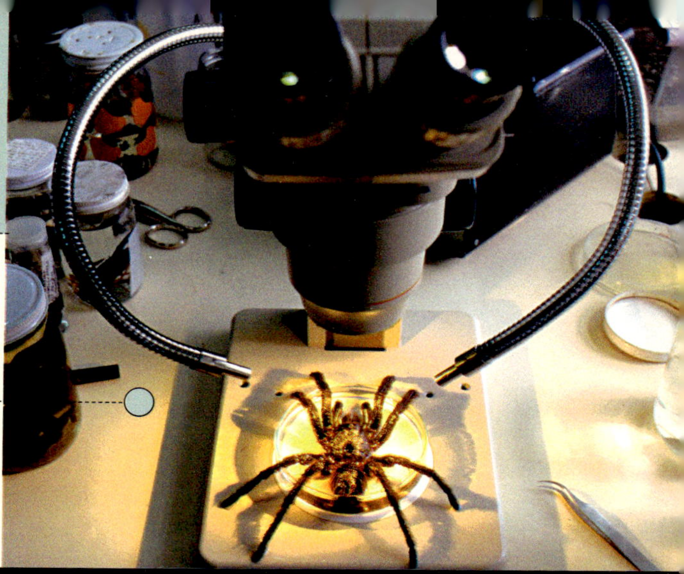

KEINE ANGST: Die Spinnen und Skorpione sind längst tot. Damit die Achtbeiner nicht verwesen, hat man sie in Alkohol eingelegt! Auch die Vogelspinne rechts kommt nach der Untersuchung unter dem Mikroskop wieder ins Glas zurück

KEINE VERWECHSLUNG? Die vielen Wespenarten Costa Ricas sind einander so ähnlich, dass die Wissenschaftler mindestens eine Lupe brauchen, um Unterschiede zwischen den Insekten erkennen zu können

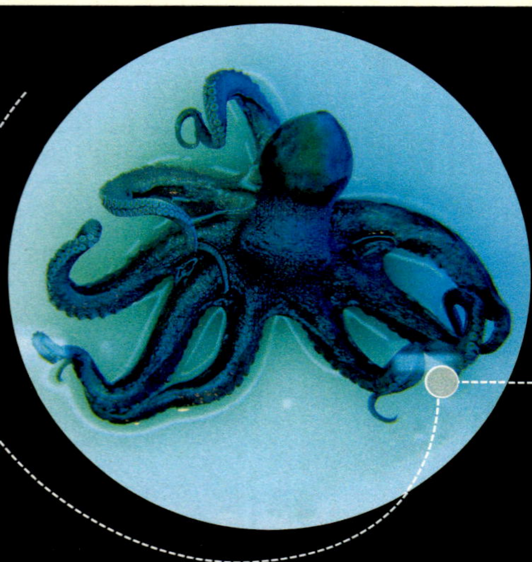

BESONDERE KENNZEICHEN? Die Meeresbiologin Yolanda Camacho untersucht einen Kraken. Um seine Art bestimmen zu können, vermisst sie seine Tentakel und schaut sich die Saugnäpfe unter dem Vergrößerungsglas an

Baum oder Strauch, Riese oder Winzling – jede Pflanze muss ein paar Blätter, Früchte und Samen für die große Sammlung opfern.

Die Tiere bezahlen mit ihrem Leben. Geht den Forschern etwa ein Schmetterling ins Netz, wird er mit Gift getötet und auf eine Nadel gespießt. Anschließend wandert der Fang zum Trocknen in einen Mini-Ofen. Es folgen eine Dusche mit Anti-Schimmel-Mittel und ein Kälteschock in der Tiefkühltruhe, damit alle Bakterien und Schädlinge, die jetzt noch an dem Tier nagen, garantiert abgetötet sind. Zuletzt bekommt das Insekt ein Schildchen, auf dem steht, wer es wo und wann gefangen hat, sowie einen Aufkleber mit einem Strich-Code.

Jetzt beginnt für Nelson Zamora und sein Team der mühsamste Teil der Arbeit: Sie müssen die Findlinge bestimmen. Jedes Falterbein und jedes Samenkorn begutachten die Spezialisten ganz genau unter dem Mikroskop. Um danach mithilfe dicker Fachbücher herauszufinden, ob dieses Tier oder jene Pflanze schon bekannt ist. In manchen Fällen kann so etwas Jahre dauern!

Sobald die Wissenschaftler den Fund aber identifiziert haben, übertragen sie ihr neues Wissen in die riesige INBio-Computer-Datenbank. Die Entwickler haben sie „Atta“ genannt, nach dem lateinischen Namen der Blattschneiderameise. Deren Völker sind gut organisiert und arbeitsfreudig – genau wie das Computersystem.

Das übrigens noch einen weiteren Vorzug hat: Man muss nämlich nicht nach San José fliegen, wenn man etwas über Costa Ricas Tier- und Pflanzenwelt lernen will. Die Datenbank Atta ist bequem per Internet erreichbar (unter www.inbio.ac.cr/en/) – und zwar für jeden, ob Schüler oder Professor. Nur Englisch und Spanisch muss man können.

Fast 25 000 verschiedene Arten haben die INBio-Wissenschaftler in den vergangenen 16 Jahren in das System aufgenommen. Beinahe jede Zehnte war eine Neuentdeckung. Ein Schatz, von dem man heute noch nicht weiß, wie viel davon einmal den Menschen nützlich sein wird. Ein paar „Goldstücke“ haben die Forscher allerdings schon gefunden: So setzen Bauern seit kurzem einen neu entdeckten Pilz ein, um ihre Vanille-Pflanzen vor Krankheiten zu schützen.

Nelson Zamora und sein INBio-Team haben jedoch ein viel größeres Ziel: Alles, was sie bei ihrer Artenzählung herausfinden, soll helfen, diese Vielfalt zu schützen. Die Regierung Costa Ricas unterstützt sie dabei. Sie hat mittlerweile schon ein Viertel des Landes unter Naturschutz gestellt – auch das ist Weltspitze.

MÄNNCHEN ODER WEIBCHEN? Auch das müssen die Experten herausfinden. Bei diesen Orangegebänderten Schwefelfaltern fällt die Antwort leicht: Die Männchen tragen orangefarbene Flecken auf den Flügeln

STRICH-MUSTER: Jedes Holzstück hat Aufkleber, wie ihr sie aus dem Supermarkt kennt. Per Scanner eingelesen, findet man sofort alle Details, die zu dieser Baumart im Computer gespeichert sind

TEXT: KIRSTEN BERTRAND

Ein zweites Leben

Fast nirgendwo wird der Regenwald so schnell zerstört wie in Indonesien. Rücksichtslos plündern Holzfäller-Banden die Schätze des Landes. Der Umweltschützer Abi Kusno Nachran hat sich ihnen in den Weg gestellt – und dafür fast mit seinem Leben bezahlt

Wer Abi Kusno Nachran zum ersten Mal sieht, erkennt sofort, dass dieser Mann Schreckliches durchgemacht hat. An seiner linken Hand fehlen vier Finger – er hat nur noch den Daumen. Seinen rechten Arm kann er kaum gebrauchen; monatelang hat er ein Metallgestell tragen müssen, das die zerschlagenen Knochen zusammenhielt. Sein Kopf ist voller Narben. Auf seinem Rücken zerfurchen 15 tiefe Schnitte die Haut, die mit 229 Stichen genäht worden sind. Der 64-jährige Umweltschützer aus Indonesien ist verkrüppelt.

Genau vier Jahre ist es her, dass ihn 20 Männer überfallen und mit Buschmessern auf ihn eingestochen haben. Abi Kusno Nachran hatte den Holzfällern und deren Auftraggebern das Geschäft verdorben. Seit Jahrzehnten zerstören sie in Kalimantan, dem indonesischen Teil der Insel Borneo, die Wälder. Tausende Quadratkilometer sind bereits abgeholzt. Dabei ist der Kahlschlag verboten, doch es geht um viel Geld. Abi Kusno Nachran hatte sich den Holzräubern in den Weg gestellt. Dafür sollte er sterben. Dass er das Attentat überlebte, grenzt an ein Wunder. Er selbst fühlt sich, als sei ihm ein „zweites Leben" geschenkt worden. Nun will er noch härter gegen die Umweltsünder vorgehen. „Ich habe Angst nie zugelassen", sagt er. „Sonst hätte ich den Kampf gar nicht erst beginnen dürfen." Dies ist seine Geschichte.

In 250 Jahren gewachsen, in 20 Minuten gefällt: Ein Arbeiter hat mit der Kettensäge einen Urwaldriesen zu Fall gebracht. Alle 20 Sekunden wird auf der Insel Borneo in Südostasien ein Waldgebiet von der Größe eines Fußballfeldes abgeholzt

Als Abi Kusno Nachran noch ein kleiner Junge war, erschien ihm der Urwald wie ein geheimnisvoller Freund. Abi, ein dürrer Bauernjunge vom Volk der Dayak, lebte mitten im Dschungel von Borneo. Sein Vater baute auf einem kleinen Feld Gemüse und Reis für die Familie an, doch das meiste gab ihnen der Wald. Abi lernte, Fische im Fluss zu fangen; er beobachtete, wie die Männer Hirsche, Wildschweine oder Vögel jagten. An manchen Tagen nahm der Junge ein kleines hölzernes Boot, eine Prau, und ließ sich den Fluss hinabtreiben. Wenn er in die

für den Wald

Abi Kusno Nachran vor seiner Wohnung in der indonesischen Hauptstadt Jakarta. Der 64-Jährige blickt auf ein bewegtes Leben zurück: Er wuchs im Urwald auf, arbeitete in der Stadtverwaltung, später als Journalist und Umweltschützer. Jetzt ist er Politiker

Kahlschlag: Wo der Regenwald gerodet oder abgebrannt wurde, verschwinden seltene Pflanzen und Tiere. Auf der Fläche legt man oft Plantagen mit Palmen an, deren Öl begehrt ist. Der Boden ist meist schon nach wenigen Jahren völlig ausgelaugt. Zurück bleibt verwüstetes Land

Baumkronen des Urwalds blinzelte, sah er hin und wieder einen Orang-Utan, der dort in den Ästen hockte. Der Affe war frech. Um die Menschen zu vertreiben, warf er Früchte des Rengabaumes nach ihnen. Wenn man getroffen wurde, juckte die Haut wie verrückt.

In Abis Vorstellung war der ganze Wald von Geistern bewohnt. Das hatten ihm die Alten seines Volkes erzählt. Die Wesen lebten in jedem Blatt, in jedem noch so kleinen Tier. Abi achtete deshalb auf alles, was er tat: Er pinkelte nicht einmal irgendwohin, ohne vorher die Geister anzurufen – damit er nicht versehentlich einen traf! Abi lernte die Schätze des Waldes kennen: das Harz des Damarbaumes, die Früchte des Tangkawang-Strauches. Die Namen der Bäume, die ihn mit ihrem Blätter-

Abi Kusno Nachran grübelt viel. Sein Lebensmotto heißt: »Denke über alles nach, worüber nachgedacht werden kann.« Für ihn bedeutet das: Schützt die Wälder – ohne sie hat Indonesien keine Zukunft

Eine Planierraupe legt eine Schneise in Borneos Wald. Hier soll eine Straße entstehen, damit Lastwagen die gefällten Bäume noch leichter abtransportieren können

dach schützten, klangen wie Zauberformeln: Ramin, Meranti, Balau …

Als Abi Kusno Nachran ein junger Mann geworden war, änderte sich sein Leben. Er verließ sein Dorf, ein Studium an der Universität aber brach er ab. Stattdessen arbeitete er in der Verwaltung der Stadt Pangkalanbun, wo er schnell Karriere machte. Abi kannte die Spielregeln: Überall wurden Schmiergelder gezahlt, damit die Beamten wegschauten, wenn Unrecht geschah. Eine Firma hatte ihr Gelände doppelt so groß gebaut wie erlaubt und dafür den Wald zerstört? Kein Problem – wenn der Firmenbesitzer nur beizeiten den Beamten genug Geld zusteckte! Viele schwiegen, weil sie dafür bezahlt wurden. Auch Abi Kusno Nachran blieb stumm.

Der Wald, in dem Abi Kusno Nachran seine Kindheit verbracht hat, existiert nicht mehr. Anfangs unternahm er nichts gegen die Umweltzerstörung. Doch nachdem ihn das Kreischen der Kettensägen bis in seine Träume verfolgte, wurde ihm klar, dass er handeln musste

Doch irgendwann hatte er genug von diesem Sumpf aus Lüge, Betrug und Bestechung. Er kam sich vor wie ein Lump. Nach einer Pilgerfahrt in die heilige Stadt Mekka ließ Abi sein altes Leben hinter sich. Er gab seinen Job in der Verwaltung auf, eröffnete eine kleine Pension. Und er reiste durch das Land. Was er dort sah, traf ihn ins Herz. Den Dschungel seiner Kindheit gab es nicht mehr. An vielen Stellen wurden Feuer gelegt, um Land für Plantagen und Felder zu schaffen; riesige Waldstücke hatte man abgeholzt. Wo früher einmal die Geister der Dayak geherrscht hatten, sah er nur noch armselige Baumstümpfe aus dem Boden ragen.

Damals, um das Jahr 1998, gingen in Kalimantan rund fünf Millionen Hektar Wald jährlich verloren. Das ist eine Fläche von der Größe Niedersachsens. Wo früher tropische Vielfalt herrschte, bauten nun große Firmen Palmen an, um aus ihnen Palmöl zu gewinnen. Das Öl wird in Europa verwendet, um Margarine, Chips, Schokolade oder Waschmittel herzustellen. Ramin, Meranti und Balau: Die Tropenhölzer mit den Zaubernamen wurden auf Frachtschiffen nach Europa gebracht und endeten als Leisten, Sperrholz oder Gartenmöbel in Baumärkten. Andere wurden zu Papier verarbeitet.

Abi Kusno Nachran wollte das nicht hinnehmen. „Wir verscherbeln unsere Zukunft!", sagte er später. In fünf bis zehn Jahren, so fürchtete er, könnte Indonesien völlig kahl sein. Also begann er, Artikel gegen die Umweltzerstörung in Zeitungen zu veröffentlichen. Und er suchte nach den Verantwortlichen, nach den „großen

Vom tropischen Lebensraum zum toten Stapel Holz in Borneo. Die Umweltorganisation WWF fürchtet, dass im Jahr 2012 der Regenwald im Süden der Insel zerstört sein wird und damit auch eine Heimat der Orang-Utans

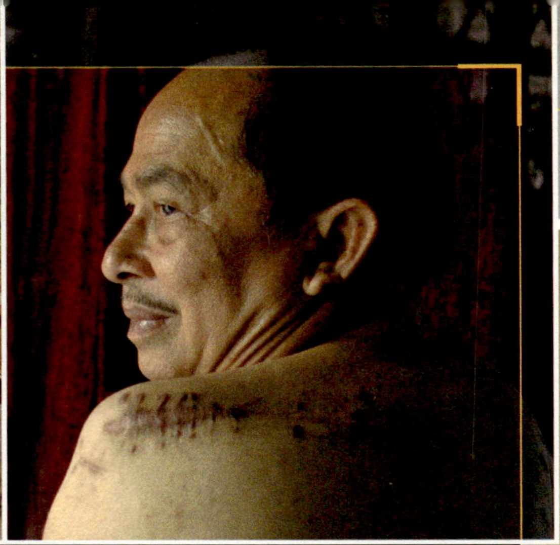

Schwer gezeichnet: Abi Kusno Nachran hat am ganzen Körper schlimme Narben – Spuren eines Mordanschlags vor vier Jahren. Es dauerte lange, bis die Wunden verheilt waren

Bossen". Bei seinen Nachforschungen stieß er immer wieder auf einen Namen: Abdul Rasyid. Der Sägemühlenbesitzer und bekannte Politiker gehört bis heute zu den mächtigsten Männern im Geschäft mit dem Tropenholz. Rund 5000 Männer arbeiteten zeitweise für ihn. Abi Kusno Nachran hatte keine Angst vor Abdul Rasyid. Er prangerte ihn in seinen Artikeln an.

Dann, im Jahr 2001, gelang Abi ein großer Schlag gegen die Waldzerstörer. Er war im Tanjung-Puting-Nationalpark unterwegs, einem Schutzgebiet mit alten Ramin- und Merantibäumen, das im Süden der Insel liegt. Neun Primaten-Arten (Affen und Halbaffen) leben dort. Vor der Küste entdeckte Abi mehrere große Frachtschiffe. Er sah, wie gefällte Bäume die Flüsse hinabgetrieben wurden bis zur Meeresbucht, um dort in die Bäuche der Schiffe verladen zu werden. Abi fand heraus, in wessen Auftrag die Frachter fuhren: Abdul Rasyid.

Heimlich fotografierte der Umweltschützer, was im Nationalpark vor sich ging. Zwei Tage später stand er mit den Beweisen im Büro des indonesischen Forstministers in der Hauptstadt Jakarta. Der schickte sofort das Militär los. Drei Schiffe wurden an die Kette gelegt. Ein Erfolg für den Umweltschützer – und für den Wald!

Doch bald darauf erreichten Abi erste Warnungen: Lass dich nie wieder in Kalimantan sehen, hieß es, Abdul Rasyids Männer warten schon auf dich! Abi kehrte trotzdem in seine Heimatstadt Pangkalanbun

Er legte sich mit einem der mächtigsten Holzhändler Borneos an. Er verdarb dessen verbotene Geschäfte. Mehrfach wurde Abi Kusno Nachran gewarnt, doch er ließ sich nicht einschüchtern. Bis ihm eines Tages 20 Männer mit Buschmessern in einem Hinterhalt auflauerten

Kampf am Computer: Heute gehört Abi Kusno Nachran als Politiker dem indonesischen Parlament an. In seinem Büro plant und organisiert er Kampagnen gegen die Zerstörung der Wälder durch kriminelle Holzfäller

zurück. Am Flughafen winkte er einen Motorradfahrer heran, der ihn nach Hause bringen sollte.

Sie entdeckten die Killer zu spät. 20 Männer mit Buschmessern hatten ihnen aufgelauert und die Straße versperrt. Sie stießen Abi vom Motorrad und hackten auf ihn ein. Sie schlugen auf seine Finger, seinen Kopf, seinen Arm, seinen Rücken, bis er leblos vor ihnen lag. Dann flohen sie. Als Abi kurze Zeit später gefunden wurde, hörte er jemanden sagen: „Er ist tot." Man warf ihn auf die Ladefläche eines Lastwagens. Wenig später, in ein weißes Laken gehüllt, sollte er ins eisige Leichenschauhaus gebracht werden. Da nahm er all seine letzten Kräfte zusammen. Es reichte gerade, eine Zehe am linken Fuß zu bewegen. Vor, zurück, vor, zurück. Langsam zog er so das Leichentuch herunter. Und dann hörte er eine Frau schreien: „Der Tote lebt! Der Tote lebt!"

Die Männer, die ihn überfallen und beinahe umgebracht haben, wurden niemals vor Gericht gestellt. Abi Kusno Nachran begegnet ihnen sogar manchmal auf der Straße. Trotzdem zeigt er keine Angst. Er kämpft für die Zukunft der Wälder und seines Landes

Abis Genesung dauerte viele Monate. Er wurde in Deutschland viele Male operiert. Das Geld dafür hat er selbst aufgebracht oder von Spendern bekommen. Längst lebt er wieder in Kalimantan. Die Männer, die ihn töten wollten, kennt er alle. „Sie sind nie bestraft worden", sagt er. „Ich bin ihnen schon mehrfach begegnet." Auch Abdul Rasyid wurde nie zur Verantwortung gezogen.

Abi Kusno Nachran könnte sich zurückziehen. Schließlich hat er eine große Familie mit zahlreichen Kindern und Enkeln. Doch er setzt seinen Kampf für

Schmusestunde mit der kleinen Tochter Safi: Lange Zeit lebte Abi Kusno Nachran getrennt von seiner Familie, um sie nicht in Gefahr zu bringen. Jetzt genießt er jede Minute mit seinen Angehörigen

Im Hafen von Jakarta wird Tropenholz auf ein Schiff verladen. Die Käufer sitzen in der ganzen Welt: Umweltschützer nehmen an, dass allein die Europäische Union illegal geschlagenes Holz im Wert von 1,2 Milliarden Euro einkauft – und das jedes Jahr

die Wälder fort. Er ist Mitglied des indonesischen Parlaments in Jakarta. Aber er braucht Verbündete – nicht nur in Indonesien, sondern auch in Deutschland, Österreich, der Schweiz oder Frankreich. „Der Westen muss aufhören, Tropenholz und Palmöl aus Indonesien zu kaufen", sagt er. „Wenn die Welt das Holz und Öl nicht will, wird kein einziger Baum mehr gefällt!"

Wie weit es bis zu diesem Ziel noch ist, musste Abi Kusno Nachran Ende 2003 erfahren. Er war nach Deutschland geflogen, um einen Umweltpreis in Empfang zu nehmen. An einem freien Tag besuchte er einen Baumarkt in Berlin. Mit seiner verstümmelten linken Hand strich er fassungslos über die Bretter und Leisten, die dort angeboten wurden: Ramin und Meranti! Ramin darf gar nicht mehr aus Indonesien ins Ausland verkauft werden; Meranti nur, wenn es aus kontrolliertem Anbau stammt und ein Zertifikat hat (siehe Kasten). „Ich sehe unsere Wälder in dieser Stadt!", sagte Abi traurig. Dem Baumarkt-Chef war das egal. Er warf den Umweltschützer nach kurzer Diskussion hinaus.

Entmutigen lässt sich Abi davon nicht. „Dies ist mein zweites Leben", sagt er. „Und ich werde es für die Rettung unserer Wälder einsetzen."

FSC ©

Augen auf beim Holzkauf:

EIN SIEGEL SCHONT DEN REGENWALD

Mit Holz lässt sich viel Geld verdienen. Schaut euch mal um: Fensterrahmen, Regale, Bleistifte, Papier – viele dieser Dinge werden aus Tropenholz oder den Bäumen der finnischen und russischen Urwälder hergestellt. Woher das Holz stammt und ob die Waldarbeiter es mit oder ohne Erlaubnis gefällt haben, konnten die Käufer bis vor zehn Jahren nicht erkennen.

Damit ist zum Glück Schluss. Denn seit 1993 gibt es das FSC-Siegel. Diese Abkürzung steht für „Forest Stewardship Council", eine internationale Organisation, die sich für eine rücksichtsvolle Nutzung der Wälder einsetzt. Ihr Siegel (siehe oben) tragen nur jene Produkte, die aus garantiert umweltschonend gewonnenem Holz hergestellt wurden.

Die wichtigste FSC-Vorschrift lautet: In einem Wald dürfen nur so viele Bäume abgesägt werden, wie auch wieder nachwachsen. Kahlschläge, die Wälder vernichten, sind verboten.

Internationale Umweltorganisationen wie der WWF (World Wildlife Fund), Greenpeace, der BUND oder Robin Wood unterstützen diese Herkunftskontrolle. Trotzdem können Händler noch immer nicht verpflichtet werden, nur Holz mit dem FSC-Siegel zu verkaufen.

In Deutschland verbautes Tropenholz aus Indonesien zum Beispiel stammt auch heute noch in drei von vier Fällen aus Abholzungen, die trotz Verbotes stattfanden oder mit einem Kahlschlag endeten.

Dass es auch anders geht, zeigen die Hersteller des sechsten Harry-Potter-Romans. Allein für die zwei Millionen Bände der deutschen Startauflage wurden etwa 1500 Tonnen Papier bedruckt. Trotzdem könnt ihr Harrys neues Abenteuer mit gutem Gewissen lesen. Die Buchseiten bestehen nämlich aus Papier, das zu 40 Prozent aus Altpapier gemacht wurde. Für den Rest wurde nur Holz mit dem FSC-Stempel verwendet.

WENN ZWEIGE PLÖTZLICH KRABBELN

Sonnengelb wie die Früchte ihrer Lieblingspalme schimmert das Schuppenkleid der GREIFSCHWANZ-LANZENOTTER. Die kleine Schlange aus Mittelamerika geht nachts auf die Jagd. Den Tag verschläft sie in Bromelien oder Palmenwipfeln, wo sie dank ihrer Farbe meist unentdeckt bleibt

Wer nicht auffällt, hat mehr vom Leben: Denn er wird nicht so schnell von einem Räuber gefressen! Viele Insekten, Schlangen, Vögel und andere Tiere verschmelzen deshalb völlig mit ihrer Umgebung – sei es durch ihre Farbe oder ihre Form. »Mimese« nennen Biologen diese verblüffende Kunst der Tarnung. Wir zeigen euch einige der schönsten Suchbilder der Welt

TEXT: JANA FLEMMING

Insekten, die diese Orchidee ansteuern, landen in einer Todesfalle! Denn die Gestalt in der Mitte ist keine zarte Blüte, sondern die räuberische **ORCHIDEENMANTIS** – eine Fangschrecke aus dem Hochland Malaysias. Deren Verkleidung hat zwei Vorteile: Die Beute kommt von ganz allein – der Räuber selbst aber wird von Feinden übersehen

Ein trockener Zweig, der vom Baum gefallen ist? Irrtum. Es ist eine garantiert unauffällige **STABHEUSCHRECKE**. Der nachtaktive Pflanzenfresser lebt im mittelamerikanischen Regenwald und rührt sich dort tagsüber möglichst nicht vom Fleck – eben wie ein toter Zweig

Eine Meisterin des Versteckspiels: die **FLECHTENSATTELSCHRECKE**. Sie sucht auf Borneo die Rinde eines Urwaldriesen nach fressbarem Grün ab. Als »Schutzweste« trägt sie dabei auf ihrer Flügeloberseite ein Muster, das dem der Baumflechten verblüffend ähnelt

Dieser grünrote Dorn pikst, wenn man ihn berührt. Anders als die drei einfarbigen Stachel gehört er aber nicht zur Pflanze, sondern zur **BUCKELZIKADE** Umbonia – einem Insekt, das in den Regenwäldern Costa Ricas zu finden ist

Am Abend vor einer Jagd wenden sich die Bayaka an die Waldgeister. Während die Frauen singend rufen »Wir wollen Fleisch!«, verkleiden sich die Männer als Pflanzen und Tiere und tanzen bis in den Morgen

Nomaden

Müssten wir Europäer auch nur eine Woche im Urwald allein zubringen – die meisten wären wohl verloren. Ganz anders als die vielen Menschen, die seit Generationen in und von den Wäldern leben. Ein Besuch bei drei fernen Völkern

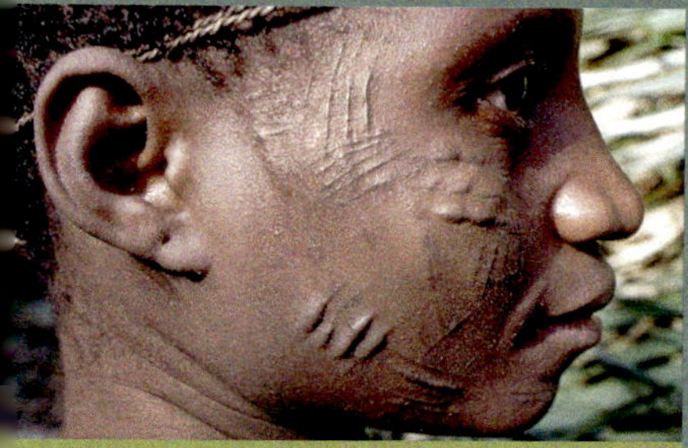

Um sich zu schmücken, ritzen sich die Frauen des Volkes kunstvolle Muster in die Haut. Heilen die Wunden, bleiben solche Narben zurück. Die Pygmäen tragen sie im Gesicht, an den Schultern und auf den Armen

Für große Blätter haben die Bayaka-Frauen vielerlei Verwendung. Sie dienen als »Einwickelpapier«, beim Essen werden sie als Teller benutzt. Und aufs Hüttendach geschichtet, halten sie den Regen ab

Am Waldrand endet die Welt der BAYAKA. Dieses Volk lebt schon seit Ewigkeiten im Dschungel des Kongo-Beckens. Doch mit den Bäumen stirbt nun auch ihre Kultur

Die Axt ist eines der wenigen Hilfsmittel aus Metall, welches die Bayaka von Buzunganda besitzen. Die meisten erlegen auch heute nur so viele Tiere, wie sie zum Leben brauchen. Andere Familien sind in die Nähe der Holzfällercamps gezogen, um dort ihr Erjagtes zu verkaufen

Bedrohte Pygmäen: die Bayaka

Zehn Stunden dauert der Fußmarsch vom Bayaka-Dorf Buzunganda bis zum nächsten Holzfällercamp. Ein weiter Weg. Und doch finden die Pygmäen schon jetzt überall Spuren jener Fremden, die den Wald im Kongo-Becken zerstören – ihren Lebensraum seit Urzeiten. Bei den Jagdzügen, an denen fast das ganze Dorf teilnimmt, fangen die Pygmäen kaum noch etwas, weil Wilderer ihnen zuvorgekommen sind. In ihrer Not sind die Bayaka inzwischen auf Jobs bei den Eindringlingen angewiesen, als Waldführer oder Wildhüter, denn niemand kennt sich in der Natur besser aus als die klein gewachsenen Ureinwohner. Mehr als 10 000 Mitglieder ihres Volkes leben entlang der Grenze zwischen dem Kongo und der Zentralafrikanischen Republik. Mit jedem neu eingerichteten Holzfällercamp aber steigt die Gefahr, dass die Jagdlieder der Bayaka bald nicht mehr erklingen.

Die Bayaka essen, was sie im Wald erjagen oder sammeln: zum Beispiel Affen und Stachelschweine oder Wurzeln, Früchte, Nüsse und Blätter. Sobald sie die Ausbeute in einem Gebiet nicht mehr satt macht, ziehen die Familien weiter

TEXT: JANA FLEMMING

der Wälder

Die Meeres-Flüsterer

Von Hosen oder Bratpfannen wollen die JARAWA nichts wissen. Die Ureinwohner der Andamanen-Inseln leben nur von dem, was sie Wald und Meer abtrotzen

Mit einem Kranz aus Früchten schmückt sich diese Jarawa-Frau. Lange Zeit wurden über die Ureinwohner blutige Märchen verbreitet. Sie seien Menschenfresser, hieß es. Wahr ist nur, dass sie von Fremden in Ruhe gelassen werden wollen

Drei Tage harrte unser Fotograf vor dem Strand aus, bis sich die Jarawa aus dem Wald ins Freie trauten. Ihre Scheu hat Gründe: Verbrecher plündern immer wieder im Gebiet der Ureinwohner und schießen, wenn diese sich wehren

Zu Besuch bei den Jarawa

Geschenke bekommen die Jarawa nicht oft. Deshalb freuten sich vor allem die Kinder über die Gaben des Fotografen. Die Mitbringsel sollten zeigen, dass der Besucher in friedlicher Absicht gekommen war

Bis zur Tsunami-Katastrophe am 2. Weihnachtsfeiertag 2004 hatten nur wenige Menschen schon einmal von den Jarawa gehört. Kein Wunder: Die 250 Ureinwohner der indischen Andamanen-Inseln leben abgeschieden im Urwald. Sie meiden fast jeden Kontakt zur Außenwelt. Fremde nennen die Lebensweise der Jarawa rückständig, da ihre Zeit vor Jahrtausenden stehen geblieben zu sein scheint. Sie sind nackt, bis auf Amulette und Gürtel aus Rinde und Schnüren; sie jagen und fischen mit Pfeil und Bogen und wagen sich nur im Hochsommer aus ihrem Reservat, wenn ihre Quellen versiegen und sie in der Stadt um Trinkwasser bitten müssen. Überragend ist ihr Gespür für das Meer: Als nach dem Seebeben die Todeswellen durch den Indischen Ozean rasten, ahnte der Stamm das Unheil und zog sich rechtzeitig in die höher gelegenen Wälder zurück. Von den indischen Inselbewohnern kamen mindestens 900 ums Leben, von den Jarawa kein Einziger.

Kokosnüsse und Bananen bindet dieser Mann aneinander, um sie tragen zu können. Die Früchte werden zu Fisch oder zu Wildschweinfleisch gegessen. Zwischendurch naschen die Jarawa gern den Honig wilder Bienen

Auf die Dächer ihrer Hütten schichten die Jarawa viele Lagen Palmenwedel. So sind sie geschützt, wenn es während des Monsuns von Mai bis September dauernd regnet

Die dunkelhäutigen Jarawa stammen von den afrikanischen Pygmäen ab und werden kaum größer als 1,60 Meter. Forscher glauben, dass die Vorfahren des Volkes vor Zehntausenden Jahren die Andamanen-Inseln besiedelten

Während ihr Sohn mit Pfeil und Bogen spielt, siebt diese Frau Maniok-Mehl. Das stärkehaltige Pulver ist eine Leibspeise der Indianer. Dazu wird die Maniok-Wurzel gekocht, zerquetscht, von Fasern befreit und und der übrig bleibende Brei getrocknet

GEOlino.de

GEO-Redakteur Rolf Bökemeier hat während vieler Regenwald-Reisen Naturvölker kennen gelernt, die zuvor kaum einen Weißen gesehen hatten. Im Internet erzählt er von seinen abenteuerlichsten Begegnungen: **www.geolino.de/regenwaldvoelker**

Um Platz für ihre Felder zu schaffen, brennen die Indianer ein Stück Regenwald ab. Solche begrenzten Rodungen sind keine Gefahr. Nach drei bis vier Ernten wuchert die Lücke im Dschungel wieder zu

In Flexeiras Schule lernen die Kinder der Kulina und Kanamari nicht nur Lesen, Schreiben und Rechnen, sondern auch viel über die Kultur und Geschichte ihrer Völker

In den Dörfern der Kulina leben nie mehr als 100 Indianer, weil die Erträge aus Jagd, Ackerbau und Fischfang nur für wenige Familien reichen. Wächst die Einwohnerzahl dennoch, teilt sich die Gemeinschaft. Eine Hälfte bleibt, die andere zieht fort

Das einzige Fortbewegungsmittel der Indianer sind Einbäume. Inzwischen werden sie zwar immer öfter von Motoren angetrieben, Kanamari-Häuptling Iode aber bringt seinem Sohn trotzdem das Staken bei

Im Land der Kulina und Kanamari

Die Häuser stehen auf Stelzen. Eine Vorsichtsmaßnahme! Denn die Siedlungen der rund 2600 Kulina- und Kanamari-Indianer liegen am Ufer des Juruá und seinen Seitenarmen. In der Trockenzeit plätschert der Nebenfluss des Amazonas träge vor sich hin. Wenn es aber regnet, steigt das Wasser dramatisch, sodass die Ureinwohner von den Fenstern ihrer Hütten aus angeln können. Flexeira ist eines von mehreren Dörfern in einem Regenwaldgebiet, das den Indianern gehört. Es liegt im Südwesten des brasilianischen Bundesstaates Amazonien und ist fast so groß wie Hessen. Bis zu 20 Familienmitglieder leben dort unter einem Dach. Die Aufgaben sind klar verteilt: Während die Frauen kochen oder Körbe flechten, jagen die Männer Wildschweine oder holzen am Dorfrand eine kleine Fläche Regenwald ab. Dort pflanzen sie Mais, Maniok und Bananen. Drei bis vier Jahre lang – dann ist der Boden ausgelaugt, und die Bauern geben das Feld auf.

*Jäger, Fischer, Bauer: Ein **KULINA**- oder **KANAMARI**-Indianer muss jede Rolle beherrschen. Nur so können ihre Völker im Amazonas-Regenwald überleben*

Im Rhythmus des Flusses

TEXT: LUKAS HEINY

VORSICHT,

Köstliche Düfte, verführerische Farben – fleischfressende Pflanzen nutzen viele TRICKS, um Beute anzulocken und zu VERSCHLINGEN. Egal, wer ihnen in die FALLE tappt: Die grünen Jäger kennen KEIN ERBARMEN. Denn ohne ihre tierische Extra-Mahlzeit würden sie selbst verkümmern

Mit den roten Innenseiten ihrer Blätter lockt die Venusfliegenfalle Beute an. Bis die Pflanze allerdings zuschnappt, muss ein Insekt zweimal kurz hintereinander die Fühlborsten berührt haben

FALLE!

Kein Entkommen: In einer halben Sekunde sind die Blatthälften zusammengeklappt und haben die Fliege eingeklemmt. Um das Opfer herum fließen jetzt Verdauungssäfte, mit denen die Pflanze ihre Beute zersetzt. Übrig bleibt nur die harte Hülle

WIE SOLLTE ER DIESE seltsame Jägerin bloß nennen? Der schwedische Gelehrte Carl von Linné suchte im Jahr 1753 einen passenden Namen für eine ganz besondere Pflanze: eine, die ihre Beute wie mit Zauberkraft anlockte und verschwinden ließ. Fündig wurde Linné bei dem altgriechischen Erzähler Homer. Der hatte über einen Zaubertrank namens „Nepenthes" geschrieben: Wer ihn trinkt, versinkt in einem Nebel des Vergessens. Ein treffender Name für eine Pflanze, die Tiere fängt und sie in ätzendem Saft auflöst!

NEPENTHES. Blutrot und gelb leuchtend, hängen ihre Sprösslinge bis heute in den Urwaldbäumen Borneos. Die Form erinnert an Kaffeekannen mit aufgeklapptem Deckel: oben ein schmaler Hals, unten ein dicker Bauch. Deshalb werden die mörderischen Gewächse auch Kannenpflanzen genannt.

Für Käfer, Ameisen und Fliegen sind die farbenprächtigen Blüten so anziehend, wie es eine Oase für durstige Wüstenreisende ist. Versprechen sie doch süßen Nektar. Wer aber eine Nepenthes-Kanne anfliegt, hat nicht mehr lange zu leben. Schon der Rand ist so glitschig, dass Krabbler bei der Landung den Halt verlieren und direkt in den etwa 35 Zentimeter tiefen Schlund purzeln. Er ist zu einem Drittel mit Verdauungssaft gefüllt – eine tödliche Falle.

AUS IHR GIBT ES kein Entrinnen. Die Innenseite der Kanne ist oben von einer glatten Wachsschicht überzogen. Das gefangene Insekt muss sich wie auf einer seifigen Rutschbahn vorkommen. Jeder Kletterversuch scheitert. Die pitschnassen Gefangenen stürzen immer wieder zurück – bis sie erschöpft am Grund der Kanne ertrinken und sich langsam im Verdauungssaft der Pflanze auflösen. In den Kannen einiger Nepenthes-Arten haben Wissenschaftler sogar Reste von Mäusen, Fröschen und Reptilien entdeckt.

Fleischfressende Pflanzen, in der Fachsprache „Carnivoren" genannt (vom lateinischen „carnis" = Fleisch), scheinen unersättlich zu sein. Vor 200 Jahren raunten die Forscher: „Blumen des Bösen!" Sie waren überzeugt: Wenn Pflanzen tatsächlich Tiere fressen, musste es mit dem Teufel zugehen.

Heute weiß man: Die Blumen jagen, weil sie müssen! Die fleischfressenden Pflanzen leben in Gebieten mit sauren, nährstoffarmen Böden, wie zum Beispiel auf hohen Bergen im indonesischen Regenwald oder in Mooren und Sümpfen. Sie würden verkümmern, müssten sie mit dem auskommen, was sie an Nahrung über ihre Wurzeln und Blätter aufnehmen. Also verspeisen sie als Beilage Tiere, die ihnen in die Falle gehen.

Über 600 Arten pflanzlicher Räuber sind bis heute bekannt. Jedes Jahr werden in den Urwäldern neue Exemplare entdeckt. Und das jagende Grünzeug beherrscht die erstaunlichsten Tricks, um Beute zu machen.

WÄHREND DIE KANNENPFLANZE abwartet, bis ihr das Opfer in den Rachen plumpst, schnappt die nordamerikanische Venusfliegenfalle mit „Zähnen" nach ihrer Beute. Landet beispielsweise eine Fliege zwischen den Fangblättern, spüren die feinen Fühlborsten der Pflanze die Berührung. In einer halben Sekunde schlagen die Doppelblätter zu, verschränken sich die langen Spitzen an den Blatträndern und schließen die Fliege ein. Nur wenn das Opfer sehr klein ist, kann es entkommen – indem es durch die „Zahnlücken" der Pflanze kriecht.

DIE SCHNELLSTEN JÄGER DER Pflanzenwelt sind die Wasserschläuche. Ganz unverdächtig treiben sie in Südamerika und Australien auf Tümpeln oder Gräben dahin. Am

Mit dem Sturz in den Kannenschlund hat für diesen Frosch das letzte Stündlein geschlagen. Er versucht herauszuklettern, rutscht aber an den glatten Wänden immer wieder ab. Auch die nach innen gerichteten Dornen am Kannenrand bilden ein fast unüberwindliches Hindernis

Ohne eine Extra-Portion Ameisen ginge es den Kannenpflanzen schlecht. Denn der Boden in ihrer Heimat, den Gebirgszonen Borneos, enthält nicht genügend Nährstoffe

Manche warten ab, andere SCHNAPPEN zu, einige sind KLEBRIG, andere GLITSCHIG – die tödlichen Tricks der grünen JÄGER sind verblüffend. Forscher kennen schon über 600 verschiedene Arten fleischfressender Pflanzen

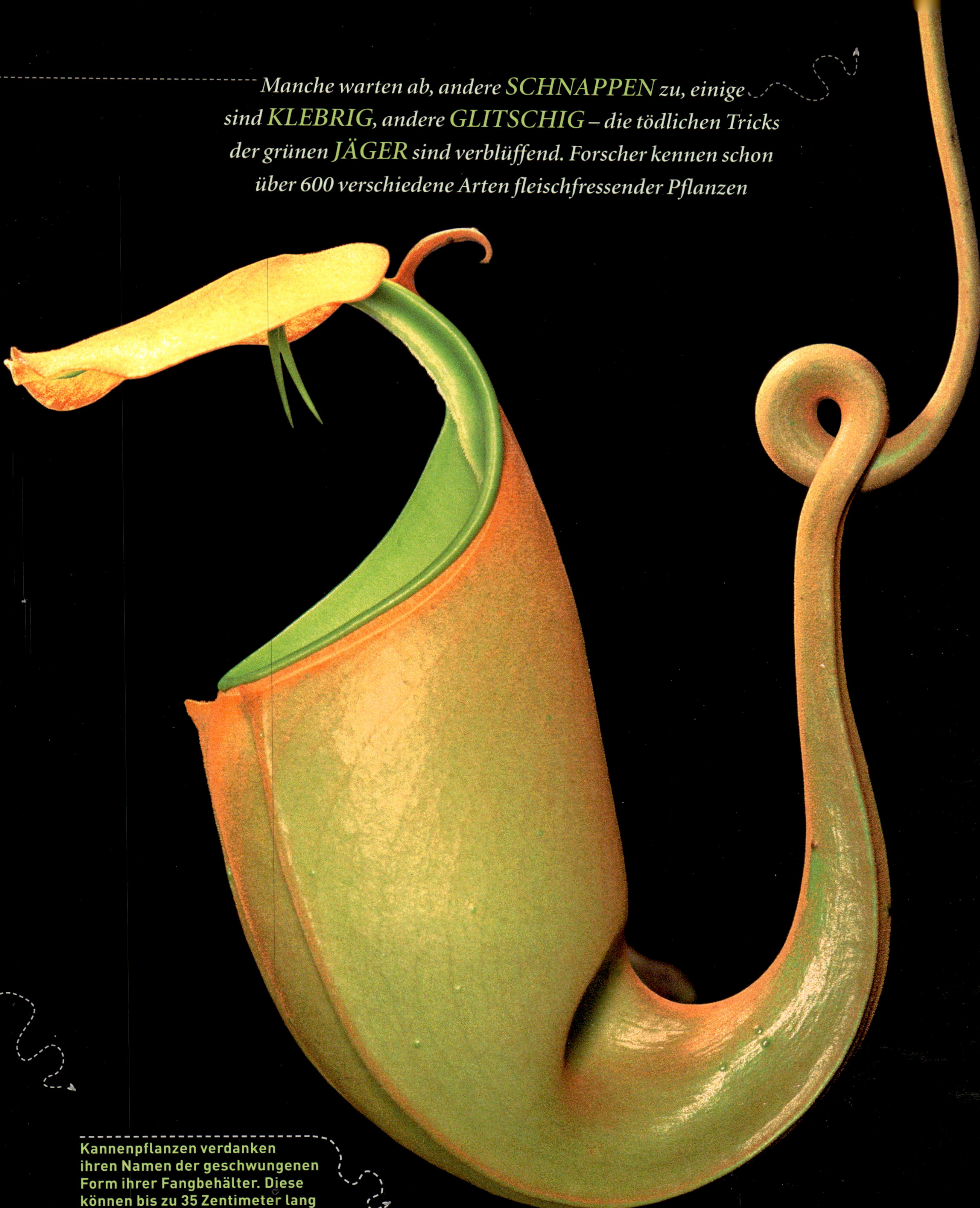

Kannenpflanzen verdanken ihren Namen der geschwungenen Form ihrer Fangbehälter. Diese können bis zu 35 Zentimeter lang werden. Sogar für einen Deckel, der den »Bottich« vor Regen schützt, hat die Natur gesorgt

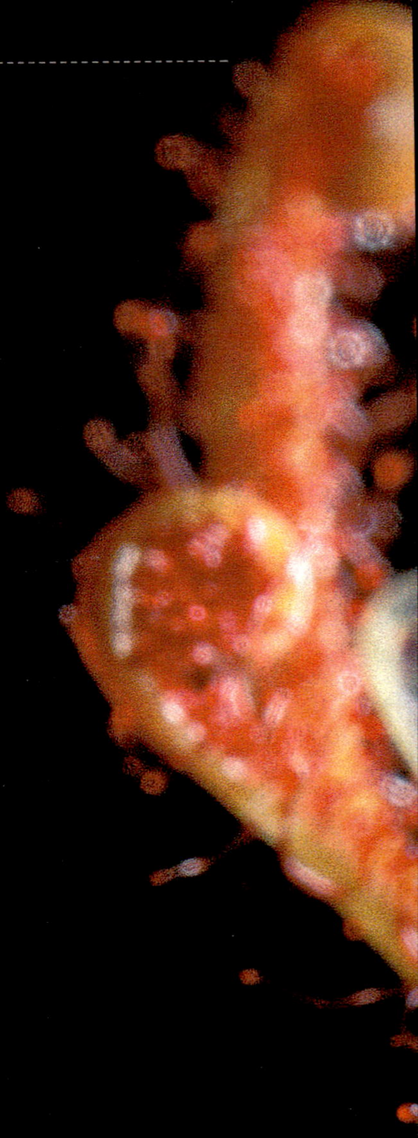

Ende ihrer Stängel und Blätter sitzen bis zu fünf Millimeter große Bläschen. Das Geniale daran: Es sind Blasen, die eine Art Falltür besitzen. Kommt ein Wasserfloh vorbeigepaddelt und berührt die empfindlichen Borsten auf der Tür, springt sie auf. So entsteht ein Sog, der Wasser in das Innere des Bläschens zieht und mit ihm den Floh. Blitzschnell schließt sich die Klappe – der Floh ist gefangen.

AUCH IN DEUTSCHLAND lauern hungrige Gewächse auf lebende Beute. An den scharlachroten Tentakeln des Sonnentaus etwa glitzern selbst an heißen Sommertagen kleine Tröpfchen. Eine verlockende Einladung für jede durstige Fliege. Aber wer sich auf ein Schlückchen niederlässt, kommt nicht wieder hoch. Denn das Tröpfchen ist tückischer Klebeschleim. Den meisten Insekten fehlt die Kraft, sich daraus zu befreien. Was folgt? Der Sonnentau verspeist sein Opfer bei lebendigem Leibe.

Nur – wie machen Pflanzen das? Schließlich hat eine Blume keinen Mund. Die grünen Räuber setzen so genannte Enzyme ein. Das sind Wirkstoffe, wie sie auch in unserem Magen vorkommen. Ihr könnt sie euch wie Scheren vorstellen, mit denen die Insekten so zerkleinert werden, dass sie sich im Verdauungssaft auflösen. Den Nährstoff-Cocktail saugen die Pflanzen auf. Von einer Fliege bleibt nur der unverdauliche Chitinpanzer übrig.

Zu welchen Massen-Mahlzeiten die lautlosen Jäger fähig sind, haben britische Forscher beobachtet. Ein riesiger Schwarm Kohlweißlinge wollte auf einer Sumpfwiese Rast machen. Allerdings hatten die Schmetterlinge nicht bemerkt, dass all die schönen Blumen, die sie ansteuerten, Sonnentau-Sprösslinge waren. Sie blieben mit ihren Flügeln an den klebrigen Tropfen hängen, vier bis sieben Tiere auf jeder Pflanze. So wurden auf einen Schlag sechs Millionen Schmetterlinge gefressen. Von Blumen.

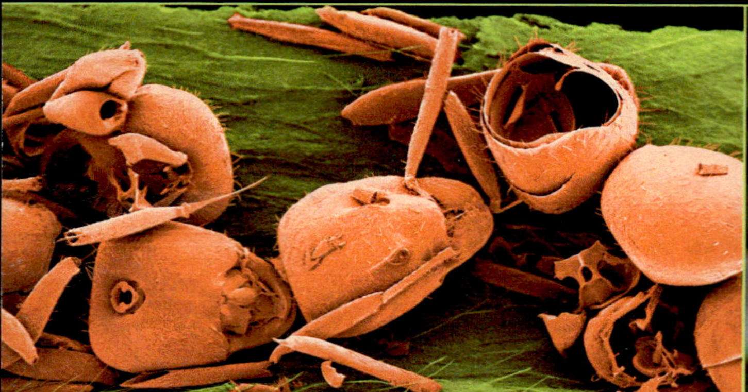

Wie leere Ritterrüstungen: Die Mikroskop-Aufnahme zeigt, dass von Ameisen, die im »Bauch« eines Fleischfressers wie der Kobralilie (rechts) gelandet sind, nur unverdauliche Panzerteile übrig bleiben. Der Rest wurde von Enzymen in winzige Stückchen zerlegt

Landet ein Insekt auf dem Sonnentau, biegen sich dessen Tentakeln zur Blattmitte. Später rollt sich das ganze Blatt über die Beute

Noch vor 200 Jahren waren fleischfressende Pflanzen als BLUMEN DES BÖSEN *gefürchtet. Inzwischen weiß man: Sie jagen nicht aus* MORDLUST, *sondern weil sie dringend auf bestimmte* NÄHRSTOFFE *angewiesen sind*

Eine Florfliege ist dem Sonnentau auf den Leim gegangen. Solche Szenen könnt ihr auch in Europa beobachten. Allein in deutschen Mooren wachsen drei Sonnentauarten. Sie stehen unter Naturschutz

Das Beste zum Schluss

Viele Geheimnisse des Regenwaldes wurden in diesem Heft schon gelüftet. Ein paar Überraschungen aber haben wir uns aufgehoben für unser nicht ganz einfaches Dschungel-Quiz

FLEISSIGES LIESCHEN

1

Die Königin eines Termitenvolkes ist das einzige Weibchen, das Nachwuchs in die Welt setzen darf. Wie häufig legt sie ein Ei?

A. … alle 3 Sekunden.

B. … alle 2 Minuten.

C. … jede Stunde ein Mal.

FABELWESEN? VON WEGEN!

2

Welches Tier bezeichnen Biologen als Flugdrachen?

A. So heißt eine Fledermausart aus dem Amazonas-Regenwald. Breitet sie ihre Flügel aus, ähnelt sie einem Lenkdrachen, weshalb das Tier diesen Namen bekam.

B. Flugdrachen ist der Spitzname jener Tukan-Arten, deren monströser Schnabel länger ist als der Rest ihres Körpers.

C. Hinter diesem Namen verbirgt sich eine kleine Echse aus den Tropenwäldern Borneos. Diese Art lebt auf Bäumen und hat zwischen jedem Vorder- und Hinterbein ein leuchtend buntes Hautsegel. Bei Gefahr springen die Tiere in die Tiefe, spreizen alle viere von sich und gleiten wie ein Segelflieger zum nächsten Baum.

TEXT: KATI DAMMER
ILLUSTRATION: CHRISTIAN HÜCKSTÄDT

FRECHE FRÜCHTCHEN

3

Die süßen Früchte des Feigenbaumes gehören für Tiere des Regenwaldes zu den absoluten Leckerbissen. Doch wie verhindert die Pflanze, dass ihre Samen im Magen der Vögel oder Affen zerstört werden?

A. Das Fruchtfleisch enthält ein Abführmittel. Dadurch behält kein Tier die Feigenbissen so lange im Magen, dass die Verdauungssäfte die Samen angreifen können. Sie bleiben unverdaut.

B. Die Schale der winzigen Feigensamen ist mit einer schützenden Wachsschicht überzogen. Dadurch überstehen sie auch den ätzenden Magensaft ohne Schaden.

C. Die Pflanze kann gar nichts ausrichten. Allein der Zufall entscheidet, ob ihre Samen verdaut werden.

Die Lösungen
findet ihr auf Seite 106!

FESSELNDE BLÜTEN? 4

Wie gelingt es der Orchideenart Gongora, dass Bienen so lange in ihrer Blüte bleiben, bis sie diese bestäubt haben?

A. Wie die Kannengewächse und der Sonnentau benutzt auch die Orchidee einen Klebeschleim, an dem die Insekten haften bleiben.

B. Die Blume sondert einen alkoholischen Blütensaft ab, der die Bienen betrunken macht. Sie stürzen in den Blütenabschnitt mit den Fortpflanzungsorganen, wälzen sich dort minutenlang umher und streifen die Pollen ab, die sie von anderen Blüten mitgebracht haben.

C. Die Orchidee stellt den Insekten eine Falle. Berühren die Bienen die Blütenblätter, schnappen diese blitzschnell zu. Erst nach einer halben Stunde öffnet sich die Pflanzenklappe wieder.

TARZAN-SCHAUKEL 5

Wie lang können die seilartigen Stämme der Lianen werden?

A. 400 Meter und länger.

B. 200 Meter.

C. 90 Meter.

FALSCHE FÄHRTE 6

Warum schießen die Urwaldindianer nicht auf Faultiere?

A. Ihr Glaube verbietet es. Einer Sage nach leben in den Wipfelbewohnern die Seelen der verstorbenen Indianer weiter.

B. Weil die Tiere auch tot im Baum hängen bleiben würden. Mit ihren Krallen verhaken sie sich so fest an den Ästen, dass sie erst herabstürzen, wenn ihr Fleisch verfault ist.

C. Ihrem Namen zum Trotz sind Faultiere flinke Kletterer. Entdecken sie einen Indianer, hangeln sie sich schnell eine Etage höher, sodass der Jäger sie aus den Augen verliert.

TÖDLICHE HÜPFER 7

Was unternehmen die Urwaldindianer, um ihre Pfeile mit dem Gift der Pfeilgiftfrösche zu tränken?

A. Sie fangen die Frösche und stecken ihnen die Pfeilspitzen ins Maul. Beißen die Tiere nun zu, spritzt das tödliche Sekret aus ihren Giftzähnen, und das Holz saugt es auf.

B. Pfeilgiftfrösche wehren Feinde ab, indem sie ihnen ihre tödliche Spucke in die Augen spritzen. Die Indianer müssen also nichts anderes tun, als ihnen die Pfeile vors Maul zu halten und ihnen Angst einzujagen.

C. Die Jäger binden die Frösche zwischen zwei Zweige. Aus Angst um ihr Leben sondern die Tiere nun auf dem Rücken einen weißen, hochgiftigen Schaum ab. In den werden die Pfeile getaucht.

…reifzüge durchs Dickicht

…e jetzt das Dschungelfieber gepackt hat, haben wir genau das Richtige: …e Schmetterlinge, exotische Früchte sowie Abenteuergeschichten und viel zu sehen und zu staunen. Auf zur Expedition in den Regenwald!

BOTANISCHER GARTEN ULM

Auf den Spuren von Vanille und Co.

Was haben Vanilleschoten, Kakaobohnen und Bananen gemeinsam? Zweierlei: Zum einen stammen alle drei Früchte ursprünglich aus den Tropen. Zum anderen werden sie heute auf Plantagen angebaut, für die der Dschungel auf großen Flächen abgeholzt wird. Ob und wie sich ein solcher Kahlschlag auf den Regenwald auswirkt, erforschen die Wissenschaftler der Universität Ulm. Neugierigen verraten die Experten im Botanischen Garten, welche Früchte des Waldes schmecken. Und Schulklassen bieten sie im „Grünen Klassenzimmer" Naturkunde zum Anfassen. Wäre das nicht ein spannendes Ziel für euren nächsten Wandertag?

Botanischer Garten der Universität Ulm, Hans-Krebs-Weg, 89081 Ulm; Tel. 0731/503 13 51; Infos unter www.biologie.uni-ulm.de/garten

SCHMETTERLINGHAUS WIEN

Abheben zur großen Flatter!

Wie gut sie es haben im Glashaus, die etwa 300 tropischen Schmetterlinge: feucht, ohne Luftzug und sehr warm, mit sonnigen Flecken und schattigen Verstecken, einem Bächlein und Wasserfall, frischem Obst zum Naschen und einem kleinen Zweig mit daran aufgehängten „Puppen" – der Geburtsstation. Hier stellt ihnen kein Feind nach: Die als Untermieter ausgesuchten Vögel sind strenge Vegetarier. Nur wer sich viel Zeit lässt, wird sie alle entdecken, denn Schmetterlinge ruhen sich viel aus und flattern selten umher. Wenn aber der „Jumbo" abhebt, ein Atlasfalter mit 30 Zentimeter Flügelspannweite, werdet ihr diesen Anblick nie vergessen.

Schmetterlinghaus im Palmenhaus, Burggarten, A-1010 Wien; Tel. +43/1/533 85 70; Infos unter www.schmetterlinghaus.at

MENSCHENAFFEN IM LEIPZIGER ZOO

Fünf auf einen Streich

Ein Leben im Zoo hieß früher für Schimpansen, Orang-Utans und Gorillas vor allem eines: stumpf hinter dicken Käfigstäben hocken. Dass es heute möglich ist, Menschenaffen artgerechter zu halten, davon könnt ihr euch im Zoo Leipzig überzeugen. Vor vier Jahren eröffnete dort „Pongoland": das Primatenforschungszentrum der Max-Planck-Gesellschaft, eine Anlage mit großen Innen- und Außengehegen, die den Regenwäldern Afrikas und Asiens nachempfunden sind. Statt Gitterstäbe trennen Panzerglas und Wassergräben die Zoobesucher von den fünf Menschenaffenarten. Zudem sitzen Schimpansen, Gorillas, Orang-Utans, Bonobos und Gibbons nicht mehr wie auf Präsentiertellern. Kletterbäume und Gestrüpp bieten genügend Rückzugsmöglichkeiten. Dieser tierische Luxus erleichtert auch den Wissenschaftlern die Arbeit: Im gemütlichen Gehege zeigen die Affenfamilien ihr natürliches Verhalten und verhelfen den Forschern so viel eher zu neuen Erkenntnissen.

Pongoland im Zoo Leipzig, Pfaffendorfer Straße 29, 04105 Leipzig; Tel. 0341/593 35 00; Infos unter www.zoo-leipzig.de

PALMENGARTEN FRANKFURT

Tropische Weltrekordler

Einen echten Rekordhalter könnt ihr im Tropicarium des Frankfurter Palmengartens bestaunen. Dort, inmitten der Mangroven, gedeiht eine Seychellennusspalme – ein majestätisches Gewächs, das bis zu 800 Jahre alt werden kann und die größten Früchte der Pflanzenwelt trägt. Bis zu 30 Kilogramm wiegt die Nuss, in deren Inneren der Palmensamen heranwächst. Er ist übrigens auch ein Weltrekordler und bis zu zehn Millionen Male schwerer als ein Orchideensamen, der zu den winzigsten Sämlingen im Pflanzenreich gehört.
Palmengarten, Siesmayerstraße 61, 60323 Frankfurt am Main; Tel. 069/21 23 39 39; Infos unter www.palmengarten.frankfurt.de

Was verbirgt sich wohl im Unterholz? Einen Hauch dieses Abenteuergefühls könnt ihr in den Tropenhäusern spüren

REGENWALDHAUS HANNOVER

Die Pflanzenversteher

Könnten Bäume sprechen, würdet ih
Regenwaldhaus Hannover bestimmt sc
fen hören. Darüber, wie sehr der K
ums Licht an ihren Kräften zehrt; wie
quem es sich die Aufsitzerpflanzen au
ren Ästen machen; wie mühsam die Su
nach Nährstoffen im kargen Regenwa
boden ist. Alles spannende Geschichten, d
euch zum Glück aber auch so nicht ver
borgen bleiben. Folgt bei eurem nächsten Besuch einfach den beiden Regenwaldbotschaftern Claudius Immergrün und Franz Xaver Grünblatt. Sie kennen die 6000 Grünlinge des Hauses besser als jeder andere und erzählen jeden Samstag und Sonntag (12–16 Uhr) von deren Besonderheiten.
Regenwaldhaus Hannover, Herrenhäuser Straße 4a, 30419 Hannover; Tel. 0511/126 04 20; Infos unter www.regenwaldhaus.de

TROPENHAUS IM GRUGAPARK IN ESSEN

Blütenpracht zur Winterzeit

Wenn sich die Sonne südlich des Äquators „versteckt" und bei uns in Europa der Winter anbricht, erblühen im gut geheizten Essener Regenwaldhaus die Orchideen. Diese Farbenpracht allein lohnt schon einen Spaziergang durch die pyramidenförmigen Gewächshäuser, unter deren Dach die Gärtner mit Palmen, Farnen, vielen tropischen Sträuchern, Stauden und Aufsitzerpflanzen ein Stück Dschungel und Bergnebelwald zum Leben erweckt haben. Wenn ihr wissen wollt, an welchen Pflanzen Ananas, Papayas oder Baumwolle wachsen, müsst ihr nur genau hinschauen – oder euch für eine der Sonderführungen anmelden.
Grugapark Essen, Orangerie, Virchowstr. 167a, 45147 Essen; Tel. 0201/888 31 06; Infos unter www.grugapark.de/startbotgart.htm

REGENWALDHAUS IM WIENER ZOO SCHÖNBRUNN

Zwischen Ottern und Flughunden

Schützenfische, die nach Insekten spucken, durchs Wasser jagende Otter und Flughunde, die im Dämmerlicht durch die Wipfel sausen: Das alles gibt es in den Urwäldern Asiens, Afrikas oder Südamerikas – und im Regenwaldhaus des Tiergartens Schönbrunn! Hier habt ihr die Gelegenheit, Mangrovensümpfe und eine Tropfsteinhöhle zu bestaunen, ein Abenteuerpfad führt in die Kronenregion des Dschungels. Ein weiteres Highlight: Zweimal am Tag bricht ein richtiges Tropengewitter los mit Blitzen, Gedonner und Temperatursturz.
Regenwaldhaus im Tiergarten Schönbrunn, Maxingstraße 13b, A-1130 Wien; Tel. +43/1/877 92 94; Infos unter www.zoovienna.at/regenwaldhaus.html

GEOlino.de

Um den Regenwald zu erleben, muss man nicht unbedingt weit reisen. Wir haben das Regenwaldhaus in Hannover besucht und stellen es euch vor – mit Videos, Fotos und Originaltönen: **www.geolino.de/regenwaldhaus**

LESE
Ein

z schön schwie-
- und Jugend-
Thema „Regen-
den, die wir euch
pfehlen können.
beinhalten inter-
tos, aber kaum
; andere bieten
en, sparen dafür
rn. Diese Lücke
Regenwald-Buches
„Wissen“ zu füllen.
Wissenswertes zu gut
ppen, die niemals lang-
Buch könnt ihr Stelzwur-
bunte Dschungel-Tierwelt
etrachten; Wissens-Lecker-
tumsgeschwindigkeit des Rie-
meter pro Tag) – werden neben-
nur, dass sich hier und da kleine
eingeschlichen haben. So unter-
utoren noch immer nicht zwischen
chen Wald- und Savannenelefanten,
schon lange als zwei unterschiedliche
n.

n, Theresa Greenaway: Regenwald,
berg, ab 8 Jahren, 64 Seiten, 12,90 Euro

SCHAUEN

Eine Dschungelreise per Fernbedienung

Wisst ihr, warum nur Waldelefanten die gigantischen Brechnüsse knacken können? Oder wieso das Wasser des Amazonas mal quellklar ist und dann wieder getönt wie schwarzer Tee? Die Antworten auf diese und viele andere Fragen bekommt ihr in der erstaunlichen BBC-Dokumentation „Abenteuer Dschungel – Die Vielfalt der Regenwälder“. In den drei Folgen lädt euch die Forscherin Charlotte Uhlenbroek zu einer atemraubenden Tour durch die letzten nahezu unerforschten Regenwaldgebiete unserer Erde ein: auf die Insel Borneo, in das afrikanische Kongobecken und in die Sümpfe des Amazonas. Während sie in den Wipfeln der Urwaldriesen übernachtet oder Gorillas belauscht, zeigen ihre Kamera-Kollegen unglaubliche Szenen aus dem Dschungel – zum Beispiel Ara-Papageien, die Lehm fressen, oder einen Orang-Utan, dem es morgens genauso schwer fällt aufzustehen wie uns Menschen. Eine DVD, die Einblicke verschafft und Spaß macht, auch beim zweiten, dritten oder vierten Anschauen!

BBC-Dokumentation „Abenteuer Dschungel“, DVD, Länge: ca. 130 Min., 24,99 Euro

SPIELEN

Geheimauftrag im Urwald

Mehr als 6000 Kilometer misst der Strom von seiner Quelle bis zur Mündung; er durchfließt den größten Urwald der Welt; an seinen Ufern leben zahllose Tier- und Pflanzenarten. Kein Wunder, dass der Amazonas im Herzen Südamerikas schon seit Jahrhunderten Abenteurer und Wissenschaftler magisch anzieht. Euch auch? Prima, dann fahrt hin. Oder übt erst einmal, indem ihr euren Forscherdrang im gleichnamigen Spiel austobt. Bei „Amazonas“ geht es darum, als Erster seinen geheimen Forschungsauftrag zu erfüllen. Ihr baut – vom stets knappen Geld – Hütten in den zahlreichen Urwaldsiedlungen, sammelt Pflanzen und Tiere und müsst immer auf der Hut sein. Denn Krokodile oder ein umherstreifender Jaguar können schnell die schönsten Pläne durchkreuzen.

Amazonas – Aufbruch ins grüne Paradies, Kosmos, für 3 bis 4 Spieler, ab 10 Jahren, etwa 30 Euro

LESEN

Ein Winzling mit Klasse

Das Affenbuch aus der Megawissen-Reihe des Dorling-Kindersley-Verlages ist klein, macht aber gewaltig was her. Denn die Lektüre dieses Winzlings ist sehr unterhaltsam. Auf verständliche Weise beschreiben die Autoren, was Schimpanse und Co. von uns Menschen unterscheidet, warum sie zu den intelligentesten Tieren gehören oder wieso sie so viel besser klettern können als wir. Wusstet ihr, dass Affenweibchen ihren Traummann ebenso schüchtern anflirten wie Teenager, wenn sie das erste Mal verliebt sind? Solche Informationen stehen nur selten in einem Biologiebuch – und allein deshalb sollten sich Affen-Fans dieses Taschenbüchlein auf keinen Fall entgehen lassen.

Richard Platt: Megawissen Affen, Dorling Kindersley, 96 Seiten, ab 9 Jahren, 5 Euro

KLICKEN

Unterwegs mit Mogo, dem Schamanen

Lästige Bauchschmerzen können auch zu etwas gut sein – diese Erfahrung haben zumindest die Macher der Multimedia-CD „Lebenswelt Regenwald" gemacht. Als ihnen bei ihrem Besuch eines Makushi-Indianerdorfes in Guyana der Magen grummelte, lernten sie den Medizinmann Mogo kennen. Dessen Urwaldrezepte gegen Durchfall oder entzündete Zeckenbisse gehören zu den Höhepunkten der Regenwald-CD, die in jeder Schulbibliothek zu finden sein sollte. Mit Erlebnisberichten, kleinen Videofilmen, über 1000 Fotos und Grafiken schaffen es die Autoren, dass der Amazonas-Regenwald zumindest dem Gefühl nach etwas dichter an Europa heranrückt. Hilfreich sind auch die Informationen aus dem Kapitel „Regenwald und Politik": Mit ihnen wird jedes Regenwald-Referat zum Kinderspiel – garantiert!

Kai Andersch u. a.: Lebenswelt Regenwald, Multimedia-CD-ROM, für PC und Mac, AmazonasWald-Kanada-Initiative e. V., ab 10 Jahren, 15 Euro, zu bestellen unter Tel. 0351/250 24 00 oder im Internet unter www.lebenswelt-regenwald.de; mehr Infos zum Verein findet ihr unter www.amazonaskanada.de

LESEN

Von England an den Amazonas

Ein Leben am Amazonas – das muss wie im Paradies sein. Scharlachrote Vögel, Schmetterlinge so groß wie Untertassen ... Die buntes-te Welt malt sich Maia in ihren Träumen aus, als die kleine Engländerin im Jahr 1910 erfährt, dass sie Verwandte in Brasilien hat. Bei ihnen, den Carters, soll das Mädchen leben, denn Maias Eltern sind bei einem Unfall ums Leben gekommen. Auf der Schiffsreise nach Brasilien wird Maia von Miss Minton begleitet, dem neuen Kindermädchen der Carters. Sie liebt Tiere und Pflanzen ebenso wie Maia, freundet sich mit dem Mädchen an und gibt ihm Kraft. Denn die Carters und ihre verbiesterten Zwillinge sind genau das Gegenteil von dem, was sich Maia erträumt hat. Als sie fast alle Hoffnung verloren hat, taucht plötzlich ein Indianerjunge auf. Welches Geheimnis ihn umgibt, soll an dieser Stelle nicht verraten werden. Nur so viel: Mit ihm beginnt für Maia das größte Abenteuer ihres Lebens. Sie lernt, die Zeichen des Regenwaldes zu verstehen und was es heißt, echte Freunde zu haben. All das erzählt Autorin Eva Ibbotson so spannend und unterhaltsam, dass man das Buch bis zum letzten Kapitel nicht zur Seite legt. Geheimnisse hat in diesem Roman nämlich noch so manch anderer.

Eva Ibbotson: Maia oder Als Miss Minton ihr Korsett in den Amazonas warf, Cecilie Dressler Verlag, 320 Seiten, ab 9 Jahren, 13,90 Euro

LESEN

Nur für Adleraugen

Würden Menschen und Tiere gemeinsam Verstecken spielen, hätten wir Zweibeiner nichts zu lachen. Die grasgrünen Kobaltflügelsittiche könnten direkt vor unserer Nase auf einem Zweig sitzen – entdecken würden wir sie kaum. Ganz zu schweigen vom Augenspinner *Titaea tamerlan*. Er wäre für Laien selbst mit Adleraugen nicht von einem welken Blatt zu unterscheiden. Dem Fotografen Art Wolfe ist es trotzdem gelungen, die Meister der Tarnung aufzuspüren und sie bei ihren Täuschungsversuchen im Regenwald, in der Wüste oder der Arktis abzulichten. Entstanden sind dabei beeindruckende Suchbilder mit Schmunzelgarantie. Schmunzeln deshalb, weil sich immer ein kleines Triumphgefühl einstellt, wenn man den Versteckten nach kurzem Suchen doch „erwischt".

Art Wolfe: Kunst der Tarnung, Bildband, Frederking & Thaler, 144 Seiten, ab 12 Jahren, 39,90 Euro

Roberto kennt sich mit Kakaofrüchten schon so gut aus wie sein Vater. Die Familie hält sich an die Öko-Regeln: kein chemischer Dünger und keine Insektengifte

HELFEN

Schokolade aus Bio-Kakao

GEO SCHÜTZT DEN REGENWALD e.V.

Im Herbst 2006 soll sie zum ersten Mal in Deutschland verkauft werden: Schokolade aus Kakao, dessen Anbau dem Amazonas-Regenwald nicht schadet. Die Kakaobohnen stammen aus dem Nordosten Ecuadors. Dort haben sich 662 Indianerfamilien zum Verein „Kallari" zusammengeschlossen. Sie wollen mit dem Kakao ihren Lebensunterhalt verdienen und zugleich die Natur schützen. Die Bauern haben sich verpflichtet, nur für kleine Felder Wald zu roden und keine chemischen Stoffe, etwa Insektengifte oder Dünger, einzusetzen.

Die Bio-Bauern haben jedoch ein Problem: Kakaobohnen sind empfindlicher als rohe Eier. Schon ein Fehler beim Trocknen kann das Aroma verderben, und dann lässt sich die Ware nicht mehr an Schokoladenhersteller verkaufen. Doch jetzt hilft der Verein „GEO schützt den Regenwald". Gemeinsam mit den Amazonas-Indianern errichten die Umweltschützer mehrere moderne Kakaosammelstellen. Dort überwachen künftig Spezialisten das Trocknen der Bohnen und sichern eine hohe Kakaoqualität. Die Ware wird anschließend zu einem fairen Preis in die Schweiz verkauft und dort zu edler Schokolade verarbeitet. Den Kallari-Familien macht dieses Projekt Hoffnung. Denn es beweist, dass sie Geld verdienen können, ohne den Wald zu vernichten.

Wenn ihr die Bio-Bauern unterstützen wollt, in eurer Schule eine Regenwald-Ausstellung plant oder einfach mehr über die Projekte und Erfolge des Regenwaldvereins wissen wollt, wendet euch an

Redaktion GEO,
„GEO schützt den Regenwald",
20444 Hamburg, Tel. 040 / 37 03 22 75.
Weitere Infos findet ihr im Internet unter www.regenwald.de

Nach der Ernte müssen die Bohnen gesiebt und zum Trocknen zweimal täglich gewendet werden. All das soll bald in neuen Anlagen geschehen. In den Säcken lagert schon die erste Testlieferung für den Schweizer Schokoladenhersteller

Walt Disney
Micky Maus
Magazin
Riesenposter + Sammelkarten
Spannende Comics
Super Extras
Irre Infos
Jeden Dienstag neu!

Alles gewusst?

Auflösung von den Seiten 98/99

1 **A** – es klingt unglaublich, aber die Termitenkönigin legt wirklich alle drei Sekunden ein Ei.

2 Antwort **C** ist richtig: Der Flugdrache ist eine Echse, die ihre seitlichen Hautlappen mithilfe beweglicher Rippen zu einer Art Gleitschirm aufspannt.

3 **A** ist richtig: Wer Feigen nascht, bekommt leicht einen Durchfall.

4 Richtig ist **B**: Die Bienen bekommen vom Blütensaft einen starken Schwips.

5 Die Antwort lautet **A**: Lianen können 400 Meter und länger werden. Sie wachsen nämlich nicht nur an den Stämmen empor, sondern schlängeln sich auch an den großen Querästen durch mehrere Baumkronen.

6 **B** ist richtig: Mit ihren Klauen klammern sich Faultiere so fest um die Äste, dass sie selbst im Schlaf oder im Tod in den Wipfeln hängen bleiben.

7 **C** stimmt: Die Frösche werden aufgespießt oder zwischen zwei Zweige gebunden.

Fotovermerke nach Seiten. Anordnung im Layout: l.= links, r.= rechts, o.= oben, m.= Mitte, u.= unten

TITEL: großes Bild: Frans Lanting/Minden Pictures; Christian Ziegler: l. u.; Earth of Dreams Film- und Verlagsgesellschaft mbH: l. m. u.; Patricio Estay/Nazca Pictures/TCS/defd: r. m. u.; Michael Sewell/Okapia/OSF: r. u.;

EDITORIAL: Eva Pradel (7), Uta Maxin (1): 3;

INHALT: Peter Pratje: 4 l. o.; akg-images: 4 l. u.; Frans Lanting/Minden Pictures: 4 r. u.; Reiner Klingholz: 5 o.; Wildlife Conservation Society: 5 m.; O. Diez/Arco Images: 5 u;

POSTER: Illustration entnommen aus Richard Orrs „Nature Cross-Sections" © Dorling Kindersley

EINFÜHRUNG: Olivier Grunewald & Bernadette Gilbertas: 10/11; Carlton Ward Jr.: 11 r.; Claus Meyer/Minden Pictures: 12 o.; Bruce Farnsworth/placestockphoto: 12 l. u. (2); Frans Lanting/Minden Pictures: 12 r. u. (2), 14 r. o.; Klein & Hubert/Okapia: 13; Christian Ziegler/Danita Delimont: 14 l. o.; Frans Lanting/corbis: 15 o.; Franz-Marc Frey/corbis: 15 m.; James Fossett/The Image Works/Visum: 15 u.; Karte: Stefanie Peters;

ORANG-UTANS: Bernd Jonkmanns: 16–23; Ian Singleton: 22 u.; Pallava Bagla/corbis: 23 o.; Yann Arthus-Bertrand/corbis: 23 m.; Simon Fraser University/www.sfu.ca: 23 u.;

DSCHUNGEL-HEILPFLANZEN: Lynn Johnson/Aurora/laif: 24/25;

V. HUMBOLDT: Bildarchiv Preußischer Kulturbesitz: 26, 29 o., 30 m., 33 o.; 33 m. u.; Niedersächsische Staats- und Universitätsbibliothek Göttingen: 27 l., 28 l. m., 29 u. m., 31 r. o., 32 o., 33 l. u.; Bridgeman Art Library: 27 r. o., 29 l. u., 31 l. m., 32 l. m., 32 u., 33 r. u.; akg-images: 28 o. l., 28 u., 29 r. u., 30 u.; Linga Bibliothek der Freien und Hansestadt Hamburg: 30 o. (2), 31 u.; Karte: Stefanie Peters;

SCHILLERNDE GESTALTEN: Steve Bloom: 34/35; Mitsuhiko Imamori/Minden Pictures: 35 l. u.; SA Team/Foto Natura/Minden Pictures: 35 r. u.; Michael & Patricia Fogden/Minden Pictures: 36 l. o., 36 u., 38 l. u.; Art Wolfe: 36/37; Shin Yoshino/Minden Pictures: 37 l. u.; Ingo Arndt/Foto Natura/Minden Pictures: 37 r. o., Daniel Heuclin/NHPA: 37 r. m.; Frans Lanting/Minden Pictures: 38 l. m.; Christian Ziegler: 38/39; Mark Bowler/NHPA: 39 l. u.; Tui de Roy/Minden Pictures: 39 m.; Buddy Mays/corbis: 39 r. o.;

DSCHUNGELKIND: © Earth of Dreams Film- und Verlagsgesellschaft mbH: 40–45;

KURIOSES & REKORDE: Illustration: Christian Hückstädt: 49;

FORSCHER ERZÄHLEN: Uwe George: 51 o.; GEO: 51 u.; Ragnar Th. Sigurdsson: 52 o.; M. Sakamoto: 52 u.; Clay Perry/corbis: 53 o.; Steffen Schultz (privat): 53 u.; Michael & Patricia Fogden/corbis: 54 o.; Sabine Spehn (privat): 54 u.; Meckes/Ottawa/Agentur Focus: 55 o.; Christian Ziegler (privat): 55 u.;

WALDELEFANTEN: Carlton Ward Jr.: 56/57, 61 r. o.; Holger Schulz: 58/ 59, 61 l. o., 63 u.; Martin Harvey/corbis: 59 (2), 63 o.; Bruce Davidson/naturepl: 60/61; Wildlife Conservation Society/Africa Programm: 62/63;

PANAMAKANAL: Underwood & Underwood/corbis: 64 l.; Christiana Dittmann: 64 o. m., 66 l. o., 69 o., 70 l. o.; Danny Lehmann/corbis: 64/65; Charly Kurz/lookatonline: 66 r. o.; Library of Congress: 66 l. u.; J. A. Bruce/corbis: 66 r. u.; Christian Ziegler: 67 o.; Sven Creutzmann/Zeitenspiegel/Visum: 68 l. o., 68 r. u., H. N. Rudd/corbis: 68/69; corbis: 70 l. m.; Paul A. Sonders/corbis: 70 r.; Zeichnungen: Karsten Kunibert Krüger-Kopiske: 64 u., 67 u., 68 u., 70 u.; Karten: Stefanie Peters;

BIBLIOTHEK DES LEBENS: Patricio Estay/Nazca Pictures/TCS/defd: 72–75;

NATURSCHÜTZER: Donang Wahyu: 76/77, 78/79, 80/81, 82/83; Martin Harvey/corbis: 76; Art Wolfe/Danita Delimont: 78 l. o.; Frans Lanting/Minden Pictures: 79 o., 80 l. o.; Thomas Imo/photothek.net: 83 o.; FSC Trademark (c) 1996 Forest Stewardship Council A. C.: 83 r. o.;

TARNEN & TÄUSCHEN: Michael & Patricia Fogden: 84, 85 r. u.; Art Wolfe: 85 r. o.; Frans Lanting/Minden Pictures: 85 l. u.; Bruce Farnsworth/placestockphoto: 85 r. m.;

URWALDVÖLKER: Olivier Blaise/picturetank: 86-89; Reiner Klingholz: 90–91;

FLEISCHFRESSENDE PFLANZEN: Pascal Goetgheluck/Agentur Focus: 92/93, 93 r. o., 96 l. u., 96/97; blickwinkel/Hecker/Sauer: 93 l. o.; Frans Lanting/Minden Pictures: 94 l. u.; Art Wolfe/Danita Delimont: 94 m. u.; NAS/Paul Zahl /Okapia: 94 r. u.; Mark Moffett/Minden Pictures: 95; D. Harms/Wildlife: 96 m. u.; blickwinkel/H. Wassermann: 96 r. u.;

RÄTSELWELT: Illustration: Christian Hückstädt: 98/99;

SERVICE: Markus Mauthe/markus mauthe.de: 100/101; Britta Schwarz: 102–103; Annette Hasselmann: 104.

Für unverlangt eingesandte Manuskripte und Fotos übernehmen Verlag und Redaktion keine Haftung.

GEOlino extra

Gruner + Jahr AG & Co KG, Druck- und Verlagshaus, Am Baumwall 11, 20459 Hamburg. Postanschrift für Verlag und Redaktion: 20444 Hamburg, Telefon 040/37 03-0, Telex 21 95 20, Internet: www.geolino.de

CHEFREDAKTEUR
Peter-Matthias Gaede

STELLV. CHEFREDAKTEURIN
Kirsten Bertrand

GESCHÄFTSFÜHRENDE REDAKTEURE
Ruth Eichhorn (Fotografie)
Jutta Krüger (Art Direction)

CHEF VOM DIENST: Peter Bier

TEXTREDAKTION: Sina Löschke, Martin Verg

AUTOREN + FREIE MITARBEITER DIESER AUSGABE
Text: Kati Dammer, Jana Flemming, Lukas Heiny, Alice Lanzke, Susanne Lummer, Ina Rometsch, Frank Zimmer
Dokumentation: Heiko Kammerhoff; Lenka Brandt

BILDREDAKTION: Eva Pradel

GRAFIK: Klaus Lingenauber (Leitung), Uta Maxin (freie Mitarbeit)

KARTOGRAPHIE: Stefanie Peters

SEKRETARIAT: Birgit Reinecke

HONORARE: Petra Schmidt

DOKUMENTATION: Dr. Matthias Albaum

SCHLUSSREDAKTION
Jan Pust (freie Mitarbeit); Karola Schulte; Jürgen Brüggemann, Dirk Krömer, Hinnerk Seelhoff, Antje Wischow
Assistenz: Hannelore Koehl

GEO-BILDARCHIV: Bettina Behrens, Gunda Lerche, Peter Müller

Verantwortlich für den redaktionellen Inhalt:
Peter-Matthias Gaede

Redaktionsbüro New York: Nadja Masri (Leitung), Brigitte Barkley, Wilma Simon, Katherine Clad (Sekretariat), 375 Lexington Avenue, New York, NY 10017-5514, Tel. 001-212-499-8100, Fax 001-212-499-8105, E-Mail: geo@geo-ny.com

VERLAGSLEITUNG: Dr. Gerd Brüne, Ove Saffe
ANZEIGENLEITUNG: Anke Wiegel
VERTRIEBSLEITUNG: Ulrike Klemmer
MARKETINGLEITUNG: Jan-Piet Stempels
HERSTELLUNG: Oliver Fehling

Der Export der Zeitschrift GEOlino extra und deren Vertrieb im Ausland sind nur mit Genehmigung des Verlages statthaft. GEOlino extra darf nur mit Genehmigung des Verlages in Lesezirkeln geführt werden.

ANZEIGENABTEILUNG: Anzeigenverkauf: Frauke Baer
Tel. 040/37 03 22 05, Fax 040/37 03 57 73
Anzeigendisposition: Carola Kitschmann
Tel. 040/37 03 23 93, Fax 040/37 03 57 73
Anzeigenpreisliste Nr. 8 vom 1. Januar 2005
Bankverbindung: Deutsche Bank AG Hamburg, Konto 0322800, BLZ 200 700 00
ISBN-Nr.: 3-570-19665-8
ISSN-Nr.: 1610-8701
Repro: Wahl Media GmbH, München
Druck: MOHN Media, Gütersloh
Printed in Germany

GEOLINO-EXTRA-LESERSERVICE

FRAGEN AN DIE REDAKTION
Telefon: 040/37 03 44 76, Telefax: 040/37 03 56 47
E-Mail: geolino@geo.de

ABONNEMENT- UND EINZELHEFTBESTELLUNG

ABONNEMENT DEUTSCHLAND Jahres-Abonnement: 10,20 €

BESTELLUNGEN:
Gruner + Jahr AG & Co KG
GEO-Kundenservice
20080 Hamburg
Telefon: 01805/861 80 03 (12 Cent/Min.)

KUNDENSERVICE ALLGEMEIN:
Mo – Fr 7.30 bis 20.00 Uhr
Sa 9.00 bis 14.00 Uhr
Telefon: 01805/861 80 03 (12 Cent/Min.)
Telefax: 01805/861 80 02 (12 Cent/Min.)
E-Mail: geo-service@guj.de

ABONNEMENT ÖSTERREICH
GEO-Abonnentenservice
Postfach 5, A-6960 Wolfurt
Telefon: 0820/00 10 85
Telefax: 0820/00 10 86
E-Mail: geo@abo-service.at

ABONNEMENT SCHWEIZ
GEO-Leserservice
Postfach, CH-6002 Luzern
Telefon: 041/329 22 20
Telefax: 041/329 22 04
E-Mail: geo@leserservice.ch

ABONNEMENT ÜBRIGES AUSLAND
GEO-Kundenservice, Postfach, CH-6002 Luzern
Telefon: 041/329 22 80, Telefax: 041/329 22 04
E-Mail: geo@leserservice.ch

BESTELLADRESSE FÜR GEO-BÜCHER, GEO-KALENDER, SCHUBER ETC.

DEUTSCHLAND
GEO-Versand-Service
Werner-Haas-Straße 5
74172 Neckarsulm
Telefon: 01805/06 20 00 (12 Cent/Min.)
Telefax: 01805/08 20 00 (12 Cent/Min.)
E-Mail: service@guj.com

SCHWEIZ
GEO-Versand-Service 50/001
Postfach 1002
CH-1240 Genf 42

ÖSTERREICH
GEO-Versand-Service 50/001
Postfach 5000
A-1150 Wien

BESTELLUNGEN PER TELEFON UND FAX FÜR ALLE LÄNDER
Telefon: 0049-1805/06 20 00, Telefax: 0049-1805/08 20 30
E-Mail: service@guj.com